青少年科学启智系列

QSNKXQZXL

提 供 科 学 知 识
照 亮 人 生 之 路

青少年科学启智系列

动物与生态

程一骏◎主编

长春出版社

全国百佳图书出版单位

图书在版编目（CIP）数据

动物与生态 / 程一骏主编. —长春：长春出版社，2013.1
（青少年科学启智系列）
ISBN 978 - 7 - 5445 - 2621 - 0

Ⅰ．①动… Ⅱ．①程… Ⅲ．①动物—青年读物
②动物—少年读物 Ⅳ．①Q95 — 49

中国版本图书馆 CIP 数据核字（2012）第 274957 号

著作权合同登记号 图字：07 - 2012 - 3844
动物与生态
本书中文简体字版权由台湾商务印书馆授予长春出版社出版发行。

动物与生态

主　　编：程一骏
责任编辑：王生团
封面设计：王　宁

出版发行：**长春出版社**　　　　　　总编室电话：0431-88563443
　　　　　　发行部电话：0431-88561180　　邮购零售电话：0431-88561177
地　　址：吉林省长春市建设街 1377 号
邮　　编：130061
网　　址：www.cccbs.net
制　　版：长春市大航图文制作有限公司
印　　制：沈阳新华印刷厂
经　　销：新华书店

开　　本：700 毫米×980 毫米　1/16
字　　数：102 千字
印　　张：14
版　　次：2013 年 1 月第 1 版
印　　次：2013 年 1 月第 1 次印刷
定　　价：24.00 元

序

对很多人来说，动物学是一门很有趣的学科。原因无他，动物会动，且为了生存及传宗接代，会产生各种不同的行为或是生理及生态上的反应，使得这个世界变得多彩多姿。加上动物的演化史与人类能主宰这个世界息息相关，因此特别引人注意。在这种情形下，投入研究动物学的人特别多，也特别早，自然动物学的发展历史，也就十分久远。

在缤纷的生命世界中，生物多样性最重要的是物种数量及生物如何适应多变的自然世界。由于需要适应不同的环境及有效地利用资源，动物演化出许多身体形态与各种生存的方式，以便动物能在激烈的生存竞争中，免于遭到淘汰的厄运，并进一步地增加自己获取资源的能力，以便在不同物种的竞争中，获得优胜地位，同时能在躲避天敌及捕捉猎物上，获得较大的成功几率。因此会演化出许许多多的物种，它们因适应各种不同的环境和物种间及物种内的交互作用，而发展出特殊的生活方式，甚至会改变其生活环境。鸟类筑巢、蚂蚁做窝就是其中最典型的例子。这会使得动物世界变得非常多元化。生物多样性，也因动物的各种生活方式，而得以维系。由于非常吸引人，所以电视节目会定期介绍各种动物以及它们迷人的生活逸事，成为自然爱好者津津乐道的话题，也成为受欢迎的科普节目之一。对野生动物与生态的介绍，将有助于青少年增加对自然生态的兴趣及加强物种保育的观念。

本书以推广科普教育为主要的任务。许多中学及大学教师和其他专业人士，不吝啬将自己所学的专业知识，写成通俗易懂的科普文章与大家分享，而成为主要科普文章的来源。由于篇幅众多，我们依文章的性质，主要介绍动物与生态两大主题。书中介绍各种无脊椎和脊椎动物以及一些十分吸引人的物种，如大熊猫及各种活化石等。同时介绍动物世界中奇妙的生态，如迷人的珊瑚礁世界、绿蠵龟的洄游、湍流中的生活等，给本书增加了不少阅读趣味。图书市场上有关介绍野生动物的科普书籍不少，本书将成为一本包含陆地和海洋动物的科普书籍，这对青少年增加对动物的了解，会有很大的帮助。

编　者

目　录

动物与生态

爱尔兰巨鹿的灭绝

□ 陈　敏

关于爱尔兰鹿

　　爱尔兰为西欧岛国，面积约 84421 平方千米，外形像马铃薯，全岛为多雨型温带气候，年均温为 15℃～16℃，四季分明，但景观终年常绿。每年 2 月至 9 月，爱尔兰百花盛开，这里良好的气候因素极适合生物成长。爱尔兰鹿原名为大角鹿（Megaloceros），由于这些古巨鹿遗骸大部分出土于爱尔兰的沼泽区内，所以又称为爱尔兰鹿，在爱尔兰的沼泽区就曾挖掘超过一百具爱尔兰鹿骨骼化石。根据古尔德

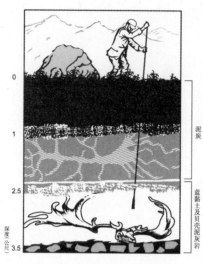

图 1 　科学家挖掘过程的地层剖面图　　　　　图 2 　人类与爱尔兰鹿的体型差距悬殊。

（Stephen Jay Gould）著作《达尔文大震撼：听听古尔德怎么说》一书所言，爱尔兰鹿约活在阿勒罗德间冰河时期（Allerod Ice Age），此时期为较温暖的冰河时期，在距今约 12000 年到 11000 年前。

　　但到了 1746 年，在英国的约克郡也挖掘出爱尔兰鹿的头骨，首先打破它出自爱尔兰的独尊地位，这也意味爱尔兰鹿在同时期的活动区域不仅局限于爱尔兰地区，这个观点很快便得到证明。在 1781 年，欧洲大陆也首次发现到这种巨鹿的骨头，地点在德国；后来在 1820 年代左右，科学家更在英国的马恩岛（Isle of Man）挖掘到第一具完整的爱尔兰鹿骨头，而这具完整的骨头至今仍完整保存在英国爱丁堡大学博物馆中，总计爱尔兰鹿化石曾出现在爱尔兰、英国、德国、法国、匈牙利、意大利、中亚国家，甚至出现在澳大利亚。

挖掘爱尔兰鹿的过程

爱尔兰鹿的化石常位于地表下二至三米处，这些化石多半是农夫在开垦农地时挖掘出来的，法国脊椎动物化石领域专家乔治·居维叶（Georges Cuvier，1769—1832）第一次看到这些完整的化石时，不禁发出可惜之声："爱尔兰鹿的化石早已被自然学家所遗忘。"

考古学家发现博物馆收藏的爱尔兰鹿遗骸中，雄鹿比雌鹿多了许多，我想合理的解释为：雄鹿的鹿角比较吸引农夫或考古学家的眼光，而雌鹿相形见绌。另外，若根据挖掘出的鹿角来判定鹿龄，年纪在一至两岁的鹿很少，主要原因是鹿角尚未成熟且不壮观，可能挖掘后便遭遗弃了。

爱尔兰鹿的体态

关于爱尔兰鹿体态的描绘，首先出现在 1588 年欧文所著《一部英国哺乳动物和鸟类化石的历史》一书中，欧文开了先河，针对巨鹿的鹿角、身长、前腿骨长、后腿骨长、脚趾长等，进行详细的科学测量。近来科学家也做一些量化的工作，如测量标本，提出质疑，重新分析，利用 C14 的测验方法，利用精确的数学技术，来追踪爱尔兰鹿演化的历史，并且希望从骨干遗迹得到更多讯息，以了解爱尔兰鹿的形态、习性、并推论当时的生活环境。

在18世纪时，曾有人进贡爱尔兰鹿的骨干标本给英国王室，国王欣喜之余，就把鹿骨珍藏在大英博物馆的兽角陈列室中。爱尔兰鹿除了具有吸引人的巨大外观和特殊形态，它可观的大鹿角更是古生物的重要表征，代表长时间演化的结果。这对大鹿角实在太引人注目，因此当爱尔兰鹿出土后，其他珍禽异兽的兽骨就不再受人眷顾，相形失色。英国古生物学家兼内科医生约翰·帕金森（James Parkinson, 1755—1824）就曾说："在大英帝国所有的化石标本当中，没有一种能够比爱尔兰鹿更令人激赏了。"而耶鲁大学的地质学家本杰明（Benjamin Silliman, 1779—1864）于1851年造访欧洲时，也曾对博物馆的骨骼珍藏感到神奇，尤其是爱尔兰鹿与恐龙的兽骨。

图3 欧文于1846年重建爱尔兰鹿的骨干标本示意图

从演化观点谈爱尔兰鹿

长毛象与爱尔兰鹿

若要列举生存在冰河时期的大型哺乳类动物代表，获选者应该是长毛象和爱尔兰鹿。长毛象生活在冲积世中期，大约在三十七万年前出现，而在一万年前绝种。长毛象又称为

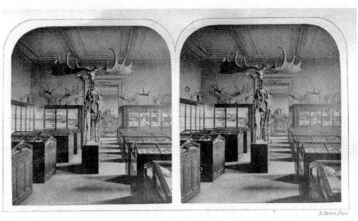

图4　大英博物馆内的爱尔兰鹿标本

猛玛象，它是陆地上生存过最大的哺乳动物之一，重约六至八吨，看起来酷似身披长毛的大象，它在演化论史中的地位以及灭绝的原因，同样引起科学家的高度重视，许多科学家对于它在冰河时期的演化过程，有着南辕北辙的观点。长毛象的生存年代及生活地理区域与爱尔兰鹿极为类似，因此研究爱尔兰鹿的过程中，长毛象扮演不可或缺的角色。

天择或非天择

爱尔兰鹿在演化论的历史发展中曾激起许多涟漪。达尔

文在《物种起源》中论述，生物在演化过程中发生的改变，并不是线性关系，这些改变含有生物适应性，即天择；反对达尔文学派的人却以爱尔兰鹿当反例，认为生物演化并非经由天择，而是一种"定向演化理论"（orthogenesis theory）：生物若向某一趋势发展，便会无止境地发展下去。根据这个理论，爱尔兰鹿如此庞大的身躯必定也是从较小的体型演化过来的，若单考量其鹿角，爱尔兰鹿小时候鹿角必然较小，随着鹿角不断地变大、生长，因无法抑制成长的速度，等到鹿角大到容易被树枝卡住，或深陷沼泽区无法自拔，就免不了灭种的命运了。

另一演化观点来自法国生物学家拉马克（Lamarck, Jean Baptiste, 1744—1829）提出的"获得性状遗传理论"，他的理论为："动物的器官用进废退，环境影响造成的获得性状，可以遗传。"拉马克猜测，长颈鹿为了吃到树上的嫩叶而伸长脖子和腿，所以它的脖子和腿就越来越长。爱尔兰鹿的鹿角也是一样的道理，鹿角长得越大越容易得到异性的青睐，因而爱尔兰鹿的体重越来越重，鹿角也越来越庞大。

美国古生物学家爱德华·德林克·科普（Edward Drinker Cope, 1840—1897）在1871年曾提出一条生物学规律："在某种特定演化种系中，无论是马，软体动物，或是浮游生物，都显示出体重逐渐增大的趋势。"这条法则称为"科普法则"，因为唯有如此才能确保种族的延续,也就使得爱尔兰的鹿角不断长大。

由于生物演化的过程十分缓慢，以人类短暂的生命，是无法亲眼目睹的，因此科学家始终争执不休。

鹿角的生物功能与演化

爱尔兰鹿的角为何是斜向两边，而不是直向前面？这是因为使用直向前的鹿角去攻击较容易受伤。鹿角的功能比较多的时候是用来与同种动物竞斗，而不是用来攻击异种动物，也就是说，动物一生中受到同种威胁的机会，恐怕比受到异种威胁（或竞争）还来得多，于是就演化出这种斜向两边的角，既可以用来击倒对手，却又不会伤到对手的生命。这与古尔德的认知有很大的差异，而古尔德认为爱尔兰鹿的鹿角只具有展示的功能罢了！但其他生物学家却发现爱尔兰鹿本身的骨架虽然比较柔软，但是在面对外力时，它的鹿角却能发挥无比强劲的抵御功能。

另外，有一些科学家注意到爱尔兰鹿的角有完美的对称性，这种左右对称的特征，与胚胎的成长有关，因为雌鹿体内含有对称成长的必需特性。除此之外，若雄鹿的鹿角不对称，奔跑时比较容易跌倒，甚至不利于行，且雌鹿也偏好鹿角对称的雄鹿。如此一来，鹿角左右对称的特征不断强化，经过长时间，演化出几乎完美的对称鹿角。科学家的研究资料显示，越健康的爱尔兰鹿，拥有更完美对称的鹿角。达尔文也曾在《人类的由来》（*The descent of man*）中谈论，爱尔兰雄鹿头上的鹿角，可能是为了吸引雌鹿注意演化出来的装饰品，这就是有名的"性选择"理论。此选择通常强化某一性别，特别是雄性，这对于种族繁衍是极为有利的，尤其在求爱时期，雄鹿通常会自夸它们头上那对巨大的鹿角。

何时为爱尔兰鹿繁衍后代的季节？波瑞阿斯利用鹿的骨骼遗骸测出雄鹿的重量超过雌鹿 10%～11%，同时也使用 C14 的测验方法来分析鹿角的地位，推论出秋天是最佳的交配季节，因为此时爱尔兰的气候温煦，非常适宜繁衍后代。有趣的是，交配后的雄鹿常常会出现营养不良或精疲力竭的情况，我个人的推测是，雄鹿之间为了争取与雌鹿交配的机会，战斗过于激烈而导致受伤或食欲缺乏，便出现营养不良或精疲力竭的情况。

爱尔兰鹿灭绝的原因

从宗教的角度思考

直到 17 世纪仍有少数生物学家认为物种是不会灭绝的，其论述出于基督教的信仰，因为物种灭绝便违反上帝仁慈、完美的旨意。许多人不禁要问："为什么如此善意与仁慈的神，会允许他所创造的完美生物灭绝？"所以，有些科学家否认爱尔兰鹿的灭绝，他们认为爱尔兰鹿并没有完全灭绝，而是生活在地球某处，只不过未被发现罢了。坚持从圣经的观点来谈生物灭绝的人会认为，"灭绝的生物都是上帝有意摧毁的邪恶之徒，或是洪水期间因为某种理由未及上船的族类"。其中最有名的支持者就是托马斯·莫利约克斯（Thomas Molyneux），他是有名的内科医生兼动物学家，也是第一位描述爱尔兰鹿灭绝问题的科学家，他曾说：

从许多自然学家的观点看来，从来没有一种生物完全灭绝、完全消失在这个世界上，因为所有的生物都是被创造出来的；它们基于如此良善的天意被赋予生命，上帝如此完善地照顾这群生物，所以，这个观点值得我们同意。

如此的说词当时无法得到所有科学家的认同，例如当时法国伟大的古生物学家居维叶，他借由精细的比较解剖研究，证明爱尔兰鹿与现存的动物都不相同。居维叶曾说："如果我们能掌握动物身体的一个重要部分，特别是牙齿，就可以重新建构出它身体的其余部分。"他把爱尔兰鹿归入某个哺乳类化石的分类，这些化石动物却都没有现存的后裔，因此确立爱尔兰鹿已经灭绝的事实，同时也建立地质时间的指标。

人类的杀戮

有科学家认为，可能是人类杀害致使爱尔兰鹿灭绝，但另有科学家推论，巨鹿在人类到达之前就已经消失了，此外，也有人根据巨鹿与人外形上的差异提出质疑。根据欧文重建的爱尔兰鹿标本得知，爱尔兰鹿的身高约 3.14 米，等于一层楼高，而当时原始人类的平均身高仅约 1.5 米，换算得知一头爱尔兰鹿约是两个人的身高总和。鹿角展开约 3.6 米，考古资料则显示一般成熟的雄鹿体重约在 550~600 千克，如果人鹿大战，"鹿死谁手"是很难论定的。爱尔兰鹿灭绝的原因若是来自于人类的杀戮，那么可以想象人类必定是利用团体战术，使用围捕的狩猎方式才有可能擒下巨鹿。

过度发展灭绝理论

爱尔兰鹿的鹿角被视为导致其灭绝的关键因素，因为鹿角不断长大是由于其内部趋势所致，这种趋势可能是基于某些有用的目的，然而爱尔兰鹿未能意料到不断变大的鹿角却成为其灭绝的重要原因。这种"过度发展灭绝理论"是根据以前论述的"定向演化理论"，从19纪末到20世纪初，"定向演化理论"在非达尔文主义的古生物学家中极为流行，这种理论的强烈支持者，包括俄罗斯生物学家贝尔格（1876—1950）及美国古生物学家菲尔菲尔德等人。这个理论的最佳例证就是爱尔兰鹿的鹿角演化过程，鹿角不断长大，且是不可逆的动作，最后可能由于鹿角太重以至于无法抬头，或是鹿角太大勾住树枝以至于无法活动而身亡，最终导致爱尔兰鹿的灭绝。

虽然"定向演化理论"看起来似乎很合理，不过反对的声音也不小，古生物学家弗朗西斯·A.巴特（Francis A. Bather）曾在1920年于英国协会公开发表演说批评"定向演化理论"，他主要的论点是，"演化的信念与力量，应来自外在因素而非内部因素"。

达尔文学派的推论

生物灭绝是大部分生物都可能遭遇的宿命，导致物种灭绝的原因，常是因为无法快速适应转变的生存环境，这些环境因素可能是气候变迁或是生存竞争。达尔文学派认为，没有证据显示有哪一种生物会主动发展出对自身有害的构造，但是这并不保证，有用的身体构造能够持续适应改变的生存环境。达尔文虽然也认为环境因素（含气候、食物、地理等因素）是影响物种演化的重要因素，但找到的直接证据却是相当少，如他在1876年写给莫里兹·瓦尔纳的信中所言：

> 依我看来，我最大的错误在于低估了环境的直接影响力，如食物、气候等与天择无关的环境因子。在我写《物种起源》时及其后几年间，我只能找到一点点证据，证明环境有直接影响力，但现在已经有大量的证据了。

可见达尔文在推论环境因素对物种灭绝造成的影响，是非常小心谨慎的，达尔文看待化石的态度也雷同。虽然科学家普遍认为达尔文是熟悉化石的，却不见他在化石上有多少建树，因为达尔文深知在许多已经灭绝的物种中，有太多遗落的环节，缺乏许多演化的中间形式，使他不轻易做出物种灭绝的推测。

气候的变迁

近代科学家古尔德进行更科学的研究方法：测量标本，提出质疑，重新分析。古尔德用自己的看法补充了前人的学说："角是统治阶级的符号，角大说明地位高，可以吸引雌性，因而保证了生殖的成功。也就是说，角越大，后代也越多，这是生殖上的自然选择。"然若如此，巨鹿为什么还会灭绝呢？古尔德认为，虽然爱尔兰鹿能够悠游生活在多草、少森林的空旷平原（这是阿勒罗德间冰期最常见的地理景观），也适应得很好，但是，随之而来较冷的冰河时期，使爱尔兰的地理环境有了极大的变化，成为接近极地的冻原气候，爱尔兰鹿既无法适应这样的转变，也不喜欢冰河消退期后的茂密森林环境，因此逐渐迁离爱尔兰本岛，往俄罗斯与中亚国家前进。

科学家认为，爱尔兰鹿迁徙的原因不外乎气候变迁，不过还有一点是常被忽略的，就是公元前 8300 年左右，根据地理学家的推算，当时的海平面不断上升，几乎淹没了爱尔兰，成为名副其实的海岛，所以，或许爱尔兰鹿的迁徙有其说不出的苦衷。

结语

虽然爱尔兰鹿早已远去，人们仍然对爱尔兰鹿念念不忘。在 1999 年为了纪念爱尔兰鹿，曾在地球出现过爱尔兰当局发行的纪念性邮票，而当地的自

图 5　爱尔兰鹿纪念邮票

然博物馆更常举办有关爱尔兰鹿的特别展览。

爱尔兰人纪念爱尔兰鹿的方式除了发行邮票与展览外，最特殊的纪念方式，当属 1995 年诺贝尔文学奖得主谢默斯·希尼（Seamus Heaney）所写怀念爱尔兰鹿的诗——《沼泽地》。该诗首先描述爱尔兰的地形特色充满沼泽，后提及爱尔兰人的祖先在沼泽区中发现令人叹为观止的爱尔兰鹿骸骨，便一层层地挖掘，期望能够找寻更多曾经在此地生活过鹿群。爱尔兰鹿是爱尔兰人的精神象征，就如《沼泽地》诗中一段话：

> 他们把爱尔兰鹿的大骨架运出沼泽地，装置成标本，一个惊人的大板条箱充满了空气。

爱尔兰鹿最吸引人的特质——巨大的身躯、漂亮的鹿角，是现今生物界难以比拟的，因此引起人们更多的好奇及更深入的研究。我想随着科学知识演进，爱尔兰鹿的灭绝理论可能还会有全新的解释。我喜欢古尔德的《向古老大师学习》一文，他认为从爱尔兰鹿灭绝的事件中，人类应该学习到如何与大自然和平相处，文明的进步必须配合大自然的脉动，在科技进步与生活环境间寻求一个平衡点，才有可能永保安康。

奇异的蝙蝠

□ 游祥明　谭天锡

动物与生态

神秘怪异，耐人寻味。

不属飞禽，亦非走兽。

昼伏夜出，能飞能咬。

——民间传说中的蝙蝠

很久以前，蝙蝠的特殊形性就已经引起人类的幻想和兴趣。它像鸟类能飞，像兽类能咬，白昼隐藏起来，夜间出来活动，既不是飞禽也不是走兽。它代表自然界中奇异的双元性，反映在许多古代的民间故事中。

《伊索寓言》有两则关于蝙蝠的故事，第一则寓言：蝙

图6　蝙蝠是鸟类还是兽类？这是我们老祖宗遭遇的问题。要说它是鸟类嘛，它又缺少鸟类最重要的羽毛和鸟喙；说它是兽类嘛，它偏偏又多了一对翅膀。古埃及的这张壁画，绘出了蝙蝠兽形的身躯和修长的双翼，也绘出了先人的崇敬和迷惘。

蝠落到地面被黄鼠狼捉住，蝙蝠请求黄鼠狼饶命，黄鼠狼回答说它天生是所有鸟类的克星。但是，蝙蝠向黄鼠狼保证它不是鸟，而是老鼠，黄鼠狼在此种恳求下释放了蝙蝠。过了不久，蝙蝠又在相似的险境下，被另外一只黄鼠狼捉到，它又恳求黄鼠狼不要吃它。黄鼠狼告诉蝙蝠说，老鼠是它喜爱的猎物，于是蝙蝠向它的捕捉者保证它不是老鼠而是鸟，因此又逃过了厄运。

　　第二则寓言是关于鸟类和兽类之间的古代传统战争。因为鸟兽双方依次各有胜败，蝙蝠害怕尝到失败的滋味，总是和战胜的一方交往。当战争结束，和平来临，由于它说谎，鸟类和兽类双方都不接受它的归附，将它从白天的阳光下赶走，所以它只能在夜晚单独出来活动。这一则寓言的教训是："凡是爱说谎的人，必被摒除在阳光照耀之外。"

　　纳梭也有一个故事，和第二则寓言相似，这个故事流传在南尼加拉的黑人部落中。这个故事是说，蝙蝠在兽类和鸟类的战争中，无法决定加盟哪一边，如果它像老鼠应该站在兽类的一边，或因为它有翅膀而应该站在鸟类的一边。结果，它受到双方的猜疑，便被排除于白昼之外，只能隐藏在黑夜里。

蝙蝠的骨架

蝙蝠属于能在空中飞行的哺乳类，以飞膜为飞行工具，和鸟类的翼完全不同。飞膜是由皮肤扩展而成，由颈部经前肢、体侧、后肢而到达尾部，上面分布有血管和神经。蝙蝠能快速飞行，因为它的骨骼系统上有种种适应性的变化；它的腕骨和指骨特别细长，如同雨伞的伞骨一样，用来支持飞膜；第一指（拇指）仅留有痕迹，有一钩爪，突出于飞膜外，其余的各指都没有爪。它的后肢还保持普通兽类的形态，但是全部向外翻；各趾的爪都含有强而有力的钩爪，所以能倒悬躯体在树枝之间。

图7　骨头的结构是动物分类的重要依据，图中这是一只食果蝙蝠的骨架，我们可以看得出来，它是一种哺乳类小兽。看它的牙齿结构，与手指、脚趾的骨头结构都是与兽类相同，所不同的只是长短比例罢了。

图8　许多蝙蝠是吃虫的，飞蛾的个体大行动又迟钝，所以成为它们喜爱的食物。

蝙蝠因齿的形式不同可分为食果性和食虫性。它们广泛地散布在世界各地的岩洞、树穴、或乡间的屋檐下。蝙蝠喜欢黑暗，在最黑的洞穴中住得最舒适，通常只有当我们闯入阁楼或者夏季到郊区别墅时，才能碰见。

蝙蝠的眼睛

在古老的箴言中，"如同蝙蝠的盲目"这句格言是非常缺乏真实性的。用显微镜来检查，可以看出蝙蝠眼中网膜大部分和其他哺乳类相同。有人曾经研究过一大群棕色的蝙蝠，发现其眼球有一不寻常厚度的支持纤维，而将它称为米勒氏纤维。有人比较十六"属"食果性蝙蝠（大翼手亚目）和相等数目的小翼手亚目的眼睛，发现这两群蝙蝠中有显着而重要的差别：小翼手目的蝙蝠与大多数哺乳类的网膜，具有相同的构造；而食果性蝙蝠却不像任何已知的眼睛。这些异常的眼睛具有奇特而且非常小的指状突出物在眼睛的内层，且向外穿出网膜的外层，每一尖细的指状突出物内包有小动脉及微血管。

眼睛接受光线刺激的表面，含有二万到三万微小指状的圆锥细胞，也有能感觉光线的微小矩形的圆柱细胞。白天出来活动的动物，通常具有交互使用的圆柱细胞和圆锥细胞，圆锥细胞内的微小颗粒能接受光线，并能获得颜色感觉。许多在黄昏或夜间活动的动物则缺少圆锥细胞。食果性蝙蝠没有圆锥细胞，可能无法看到颜色，不过在黑夜里，色彩本来就不多。

蝙蝠的视觉很清晰，白天在户外，甚至在明亮的阳光下，也不会眼花缭乱，并且可以在周围单调的世界里正确地飞行。许多夜间生活的动物眼睛相当大，能聚集所有有效的光线在黑暗中观察事物。但是娇小的蝙蝠却没有大眼睛；它们的眼睛比老鼠的眼睛小得多；但比起鼹鼠和地鼠的退化眼睛却又大得多。

蝙蝠的飞行

蝙蝠为何能生活在黑暗的地方呢？而且，它们在夜间又如何获得食物，而不会撞上飞行途中的障碍物呢？在1974年以前，有一个名叫斯巴兰尼的意大利人用已经切除视觉器官的蝙蝠做实验，观察它们是否能连续避开悬挂在屋子内的丝线。他发现：蝙蝠仍然能够在丝线中找到可供进出的路径，而并不会碰到丝线。他又把一批瞎了眼的蝙蝠放出户外，四

图9 蝙蝠捕飞蛾的分节动作：先用翅膀截住飞蛾，然后用双脚与尾部间皮膜形成的袋子兜住，再低头咬住飞蛾。

天以后，到巴非亚天主教堂的钟楼去找它们。他一大早就爬上钟楼，蝙蝠飞行和觅食了一夜正好回来。这些蝙蝠产于温带，专以飞虫为食物，必须依赖翅膀来追捕。斯氏捉了四只前天弄瞎的蝙蝠，解剖后发现，它们的胃中和其他未弄瞎的蝙蝠一样，塞满了昆虫的遗体。他的结论是：蝙蝠具有某种

特殊感觉器官可引导它们在空中飞行。

后来，这个实验又被人重复做过。例如法国的罗利纳特、措索特（1900年），以及美国的哈恩（1908年）等人。哈恩用薄黑金属线来代替丝线，从实验室的屋椽开始，在每隔28厘米的地方，悬挂一条金属线。当蝙蝠撞击到金属线时，会发出声音，所以很容易察觉出来。他首先用正常的蝙蝠来做实验（一种小型的髭蝠）。每一次放一只到屋子外面，并且仔细观察它们的动作。起初，它们飞得很迅速，当它们开始疲倦时，常会降落到墙壁上或物体上休息。每一次蝙蝠将要碰到金属线或躲开它，完全是依靠尝试的结果。47只小髭蝠在超过两千次的尝试中，大约有25%概率会撞到金属线。接着，他又用相同种类的12只蝙蝠，切除它们的视觉器官，用不透明的煤烟和胶的混合物来遮盖它们的眼睛。他发现在六百次的尝试中，将近有22%的撞击率，这种百分率甚至比眼睛不遮盖时更好，可见蝙蝠很少依靠视觉来避开金属线。

哈恩在第二次实验时，切断蝙蝠精巧的耳朵，大致上也得到相同的结果，蝙蝠好像并不依靠这个大耳膜来反射声波。

于是，哈恩尝试第三系列的实验。这次他在接近耳孔的地方用石膏的小塞来阻塞它的耳孔。撞击的百分率立即增加，平均大约有66%。显然，具有敏锐听觉的内耳是一个主要的因素，它不但帮助蝙蝠避开障碍物，而且帮助它们听到正在空中飞翔经过的昆虫的嘤嘤声。

范泰（1933 年）做了一个说明，他在危地马拉用细网作成一种障碍网，拦住一处森林的进出口，一个月内捕获的蝙蝠超过四十只，其中有一只为吸血蝙蝠，剩余的蝙蝠中有四种食果性蝙蝠，没有食虫性蝙蝠。食虫蝙蝠大部分用耳朵来探索路径，可从物体或正在运动中的昆虫反射回来的空气的振动，很快获得微小回音而建立正确的路径。所以，内耳是最重要的一环，而延伸出来的耳朵也常用来辅助收集声波。

如果蝙蝠在封闭的屋子里，会继续不断地探测屋子的每一个角落。通常可以在门下、屋子侧面或屋顶下的小裂缝发现它们。它们时常用挤压的动作来通过极小的缝隙而逃脱。哈恩解释说："当有明显的气流刺激时，它们会被吸引到离它们数尺之遥的裂缝那里去。"以前，有人在一间屋子里放出一只很大的棕色蝙蝠，它前前后后地飞行过一段很长的时间后，突然朝风吹的反方向的门孔穿越出去，并立即从风流动的上方逃逸。

蝙蝠定位的声音

在斯巴兰尼逝世一百四十年之后，物理学家皮尔斯在哈佛大学使用电子仪器探测人类听觉频率范围外的声音。纽约洛克菲勒大学的生物物理学家格里芬把蝙蝠一拿近皮尔斯的仪器，仪器上便显示它们在发出声音，这声音几乎完全在我们所能听见的频率之外。格里芬进一步约耶鲁大学心理学教授加兰博斯合作实验。他们证实了把蝙蝠的嘴蒙住，阻止其发出高频率的声音，就跟塞住耳朵一样有效。经过这两种处置，蝙蝠就不能测出大大小小的物体，很容易撞上室内的墙壁或途中的任何东西。简单地说，它们在飞行中的全部定向能力，全依靠其不断发出高频率声音的回声，这种声音较我们耳朵能适应的波长短，频率稍高。

事实上，引导蝙蝠飞行的声音，人并非完全听不见。它所发射的声波，虽然有 99.9%以上超出人的听力范围，但是仍有一个微弱可听的分声音。这个分声音，微弱得使人以为它是由翅膀的扑动而产生的。当蝙蝠发出高频率声音的同时，还有一种随之而生的微弱滴答声。在温带地区的蝙蝠，栖息于房屋的罅隙处，每天黄昏时飞出。若站在它们飞行的近处（约一至两米），在非常寂静的情况下，而你又能忍受尖叫声时，便可以听到这种滴答声。愈年轻的人愈容易听到，因为这种可听的分声音，频率在每秒 5000~10000 周左右。有几种热带的食果性蝙蝠，在黑暗的洞穴中飞行时，发出清晰可听的滴答声，在有光线的地方，则用眼睛飞行。

蝙蝠定向所用的微弱滴答声，周期极短，和女人手表的滴答声极为相似。所不同的是蝙蝠滴答声的频率，变化极为显著。若蝙蝠由远处直向一障碍物飞去，每秒钟可能滴答五至二十次。若面临复杂的航行问题，例如你拿着棍子横在它面前时，便可听到其滴答声突然增加，形成微弱的嗡嗡声。当蝙蝠要降落时，亦会发生同样的情形。

蝙蝠并非时时刻刻都是伶俐而聪明的飞行者，有时也会迟钝笨拙——特别是当它在白天受到打扰的时候。大多数美洲和欧洲的品种，会把它自己的体温降低到和睡眠处所的气温相近。在冬天，有多种蝙蝠蛰伏在温度仅高于冰点数度的洞穴中或其他的地方。在这种温度下，它们完全失去知觉，使人误以为他们已经死亡。我们最可能找到并且有机会观察的蝙蝠，通常是最不机敏的。如它在充分适合飞行的状态，就不可能让我们在近距离处看得很久。如果我们不怕麻烦，在蝙蝠充分清醒时，看它们在复杂的航道中伶俐和机敏地飞越，真是最佳表演。

蝙蝠习惯用后脚将身体倒挂起来。蹄鼻蝙蝠更有特殊柔曲的股关节，当它用高频率的音波探查四周时，几乎可以旋转一圈。它们常常从倒挂的位置急飞出来，攫取在其声音范围内飞行的昆虫。以活的动物和人血为食的吸血蝙蝠，用极尖锐的牙齿把动物咬出破口，吸取流出来的血，而被咬的动物往往不会惊醒。

蝙蝠行猎，几乎都在黑夜。面对黑暗的背景，绝不可能目视侦测。以往我们以为蝙蝠是以倾听昆虫拍翅的声音来定位，事实上蝙蝠接近飞虫的位置时，也以越来越高的发射率发出啾唧声。当蝙蝠飞过时，我们轻轻向空中抛入小石子或湿的脱脂棉球，它们虽然不会咬或吞这种诱饵，却会像追逐真正的昆虫一样，增加定位声音的振率，热切地扑向它们。蝙蝠所吃的昆虫中有很多是不发声音的，可见蝙蝠并不只是依赖昆虫所发出的声音来测出其位置。

蝙蝠的鼻叶

　　蹄鼻蝙蝠，如同名称所示，靠近眼水平面的区域有薄而宽广的蹄铁状鼻叶披覆口部。有少数蝙蝠从鼻叶长出特殊延伸的毛，它是一种触觉器官。巨皮蝙蝠在鼻子的尖端上有卵圆形鼻叶，有些蝙蝠在唇端有赘肉或一系列小圆形的瘤，有些在颜面的外侧有和火鸡鸡头一样的垂肉。食虫性蝙蝠大半有发育良好的垂肉，食果性蝙蝠则少有垂肉，因此，垂肉在知觉上的用途还不十分清楚。它们可能可以感受空气的振动而反射附近的物体或昆虫的回声。专家认为：根据蝙蝠的鼻叶的作用，人类发明了轮船，在夜晚或雾中探测障碍物的仪器，船头发出低频率的振动，船板上则有精巧的回音记录仪器。这种方法已经发展为现代测量海洋深度的方法：观察者发出声音，由发声到收到回音所需的时间，即可用来推测海底的深度。最近，德国的动物学家莫雷斯证明了食虫性的蝙蝠的蹄鼻是用来当做小型的号筒，把发出去的声音集成一道狭窄的音柱，当它探扫四周时，可来回扫动。

图 10　各式各样具有各种不同形式的耳壳和鼻叶的蝙蝠。

　　蝙蝠具有非常良好的场所记忆力，它们在夏季离开很远的距离之后，还能够返回它们原来的洞穴冬眠。查理·坎贝

23

尔博士（1925年）用白油在许多鸟粪蝙蝠身上做了记号，白天把它们带到离洞穴约三十里远的地方后释放，发现它们大约58分钟后就可返回原来洞穴。格里芬把小棕蝙蝠（髭蝠）从它们栖息的老巢携带到数里以外的海边，也得到相似的结果。

蝙蝠的香气腺

蝙蝠有种香气腺会产生强烈浓郁的麝香气味，它们栖息的地方常有这种气味，虽然只是一点点，很远的地方也闻得到。这种气味，可能用来帮助蝙蝠找到原来的洞穴，也可能用来吸引同类的蝙蝠来结合成一个群体。科特（1926年）曾发现在亚马孙河河口附近的马拉乔岛上的中空树干内，有数种蝙蝠的群体一起生活。他写道："树干内有特别浓郁和可厌的气味。它们的巢穴所在地，往往可由此气味来确认。当它们停歇于公墓上的时候，我可以从它们所栖息的树丛90多米远的距离，觉察出这种气味。"

蝙蝠身上香气腺的位置各不相同，如大棕蝙蝠是在沿着上唇的膨胀部分，家蝠则在喉头上端的中间部分有圆形小瘤状腺体。另外有些蝙蝠在头部前面的中央有很大的腺体，有些在喉头下端的中央具有大袋状的腺体。除了在头部和喉头之外，少数蝙蝠在飞膜上有香气腺。有一种家蝠的雄性个体，在尾部的基底有一小片腺毛，在飞膜内有香气腺的存在。

南美的袋翅蝙蝠的飞膜内有很大的袋状腺，从肩部的前端延伸到腕部。其中有一种蝙蝠，它的腺体开孔靠近飞膜上侧的肘部和前臂区域，可由肌肉的动作而扩张，但此开口通常是紧密而皱缩的合在一起。开口的内侧是浅白的颜色，和黑色的飞膜互相对映。米勒在食鱼性蝙蝠中，发现有一奇特腺体位于前臂和翅膀的第五指之间的飞膜内，大小有如燕麦。它在三只雌蝙蝠身上发育良好，雄蝙蝠却缺少此一腺体。一般雄蝙蝠的香气腺都比雌蝙蝠大，有的雌蝙蝠根本没有香气腺。

　　繁殖时期是香气腺的活动期，它们的气味可用来吸引或刺激异性。除了寻找原来栖息的洞穴，香气还可用来赶走敌人，使敌人厌恶而撤离。香气腺的存在，表示蝙蝠有发育良好的嗅觉器官，食果性蝙蝠便可凭嗅觉找寻食物。南美的热带地区中，如果在屋子内挂一堆成熟的香蕉，很快就会引来许多蝙蝠。食花性蝙蝠也会被某种强烈的花香所吸引。

握在手中的蝙蝠

　　当我们手中握着一只蝙蝠时，应该如何来安置它呢？手中握一只蝙蝠就像握住一团烧热的煤球一样，把它放开似乎是最好的办法。握住任何一只受惊的蝙蝠都会有被咬的危险。因此，我们如果不想把它放掉，就必须要改变另一种方法来握持它。

　　要握一只活蝙蝠，最好的方法是抓住它颈子的后部。要是可能的话，也可以小心翼翼捉着它的翅膀。如果我们捉住它背上疏松的皮毛，因它的头部可自由地转动，就很可能被它咬到。

蝙蝠受到惊吓，会颤抖地发出尖锐声，但和一般鸟类在惊恐的状态下发出的噪音不一样。它将会尽量用力张开嘴巴，并且会阵阵抽搐，如此的恐惧状况并不会持续太久，如果你继续稳稳地握住它，它不久就会停止挣扎和尖锐叫声。不过，一旦你稍微动一下，它就又开始挣扎和尖叫。然而，这还是无法持续太久，因为一段时间以后，它就会疲倦了。

蝙蝠和雷达的比较

蝙蝠和雷达在回声测距上有异曲同工之妙，但在实际应用上却有很大的差别。蝙蝠的兴趣在测出数尺或数米以内的小虫，而空用雷达的使用者，则希望确定地面目标或数里外其他飞机的位置。蝙蝠使用声波，雷达使用波长略长的无线电波。蝙蝠的行动极为迅速，它一连串的测知、转向、拦截、捕捉和吞咽的动作，都在一秒钟内发生。飞行员在空用雷达荧光幕上发现一个小点时，先注意它相对位置的改变，然后采取适当的行动，或以转向来避免碰撞（如两机都是客机），或追逐他机并发射机枪或火箭（如在战时所遇为敌机），整个作业必须由一人全神贯注地注视雷达幕上的小点再一步步操作完成，而蝙蝠却在黑暗中一秒钟内做完。

蝙蝠的脑子比铅笔上的橡皮头还小，它以最轻的装具，最小的功率，在最大的距离，测出可能最小的目标，显然比雷达的效率高得多。蝙蝠自己维护与修理它"有生命的机器"，雷达则需要人制造与修理。

结语

　　蝙蝠在动物界确是较为神秘的一员，尤其是利用回声引导飞行方向的技术，所产生的高度精确性，是其他动物所不及的。我们研究蝙蝠的飞行行为，希望能在研究过程中找出一些线索，进而对盲人的行动有所帮助。即或不然，至少也可使我们对自己所生存的环境有较佳的了解。

丰盛的海产资源：南极虾

□ 谭天锡　廖顺泽

南极虾简介

南极虾最初翻译为糠虾（krill），属节肢动物门（phylum arthropoda），甲壳纲（class crustacea），软甲亚纲（subclass malacostraca），糠虾目（order euphausiacea）之糠虾科（family euphausiidae），其种名为南极大磷虾（*Euphausia superba*，见图11）。有少数人将糠虾科音译为油发虾。属于糠虾科者目前已知约有八十五种，属于糠虾属（Eu-

图11　南极大磷虾

phausia）者有三十种，因为大多数的糠虾均能发光，故又称
为磷虾（海洋中亦有此不属糠虾科而能发光的虾类），糠虾
广泛分布于世界各海洋中，其中以北太平洋及南极海之密度
最高，分布于北太平洋中最重要的种名为太平洋磷虾（Eu-
phausia pacifica），而分布在南极洋中的主要糠虾即南极虾，
因此而得名。

　　南极虾的幼生期大多生活在水面，随着身体的成长逐渐
移向较深水层。冬季时，生活约在 250 ~ 400 米的水深处，
至夏季 11 月后则浮至上表层索饵，分布水深约在 40 米以
内。南极虾系两年生的水生动物（bi-annual organism），即
两年成熟产卵，产卵期为南极夏季的十一月至三月，最盛期
为一月，产卵地区在浮冰附近的中深层水域约 500 ~ 750 米
之间。交配后雌性个体的抱卵数因个体不同而有差异，平均
约在 2000 ~ 5000 之间，卵径约 0.6mm。孵化后之幼体在
50 米水深处成长，一年后即可成长至 2 厘米，两年后可达 5
厘米，成长速率相当平均。两年后，个体即会自然死亡，即
使未死亦鲜有成长。在成长期间，体长与体重的关系亦呈直
线关系，亦即体长在 2 厘米时体重约 0.1 克，体长每增长 1
厘米体重约增加 0.1 克。南极虾的食物主要是植物性浮游生
物，包括硅藻、褐藻、双鞭藻等，其中南极硅藻（*Fragilariopsis
antarctica*）为其主食。南极海域的食物链非常简单（见图
12），由植物性浮游生物→南极虾→须鲸，可说是世界上最
短的食物链。

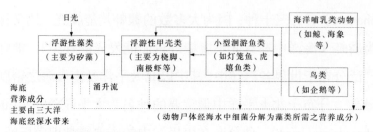

图12　南极海域的简单食物链

南极虾是一结群动物，成群带分布，结群量有 2 ～ 3 米之小群，亦有长达 10 千米之带状大群，通常为 1 ～ 2 千米。在南极虾渔场区内，最高密度为每 100 立方米有 100 千克成长的南极虾和四千克的幼虾，而密度较低者亦有上述数字的 1/8，数量相当惊人。南极虾喜在夜间浮上水面，尤其是在早上及黄昏，而在白天几乎无集聚表层的现象。虾群形成的原因现在不很清楚，但在小型冰山及海鸟众多的海域，常会发现高密度的虾群。因为海鸟在冰山附近等待，从黄昏一直等候到清晨，南极虾浮上水面之时则捕食之，因此海鸟的出现亦可作为探寻虾场的参考。

南极虾资源估计

从事海洋生物科技研究的最终目的，是要解决现今人类日益严重的粮食危机。海洋占地球面积的 3/4 左右，海洋生物的总量为陆地生物的五至十倍，但我们现在粮食的来源只有 1% 来自海洋，可见海洋资源还具有相当大的开发潜力。开发海洋生物的途径，除继续扩展传统的渔业外，当首重海洋生态系的食物链中第一阶程之消费者——动物性的浮游生物（zooplankton），其中尤以大型者为最，南极虾丰富的资源正能符合这项要求。

有人在 1958 年估计南极虾的数量约为 13.5 亿吨，假设一条平均大小的成熟须鲸重约九十吨，以平均四节的时速游动，游动一天需 780000 卡路里。又由须鲸体表面积计算，为维持体温等生理现象，一天约需 230000 卡路里，如此一条须鲸一天所消耗的能量超过了一百万卡路里。又估计每磅南极虾可产生 460 卡路里的热量，则每条须鲸每天须进食 2200 磅（超过 1 吨）的南极虾。若是一至五岁成长中的须鲸，因每天体重增加约 90 磅，须另加 600~800 磅的食物，是故每条须鲸每天进食的南极虾当在 1.5 吨左右。专家们又研究出，须鲸在离开南极后，几乎不再进食，仅靠体内储存的物质维生，所以在南极海域觅食时期，食量倍增，每天约需 3 吨的南极虾。在 1910 年代，鲸鱼尚未被人滥捕前，南极鲸鱼群量约有 50 万条，这 50 万条每天以 3 吨的食量吃 6 个月，则每年消耗的南极虾当有 2.7 亿吨。又估计鲸鱼吞食南极虾的量，不可能超过南极虾资源总量的 20%，所以南极虾的年产量约有 13.5 亿吨。

其他的国家如日本、俄罗斯等的研究人员亦曾作类似的估计，其估值亦相仿。因此在不损及资源的条件下，合理的开发，每年产量应可达到 6 千万~1 亿吨，此数值与目前全世界年水产总量 7 千万吨相当。目前人类的动物性蛋白质仅 10% 来自海洋，此后当可有 20% 或更多更高的百分比来自海洋。

南极虾的化学成分与利用

　　一般南极虾的个体，肉质部分占全部重量的 25%，头胸部占 35%，余下的外壳及尾部约占 40%。其化学组成包括水分 72%~80%，脂肪 2%~6%，蛋白质 13%~18%，灰分 2%~3%（见表 1）。南极虾含有几乎所有种类的氨基酸（见表 2），其含量不但丰富，较一般普通虾高，而且还很均匀。南极虾的眼睛含有极为高量的维生素 A，肉质部则含有大量的维生素 B_{12}。为了研究南极虾的营养价值，科学家曾用动物做实验，结果发现动物吃南极虾，其体重的增加率比吃牛肉大，体内也不会发生任何不良状况，甚至对胃酸过多及动脉粥状硬化之治疗有益。

表 1　　　　　　　　　　南极虾的化学组成

原料：体全部

	Sample(试料)	
	（冷冻）	（煮熟后冷冻）
水分	81.6%	80.1%
粗蛋白	10.3	10.9
热水可溶性蛋白	5.7	
粗脂肪	3.4	3.4
糖质*	2.0	2.5
灰分	2.7	3.2
V.B.N.**	18.7(mg%)	21.8(mg%)
V. A. N.***	0(mg%)	0(mg%)
	pH 7.78	pH 7.60

* 碳水化合物的分类
**挥发性碱气
*** 挥发性氨氮

表2			南极虾之蛋白浆的氨基酸成分		
离氨酸	:	7.7	丙氨酸	:	4.9
组氨酸	:	2.1	半胱氨酸	:	1.1
精氨酸	:	6.0	缬氨酸	:	6.8
天门冬氨酸	:	10.9	甲硫氨酸	:	1.7
羟丁氨酸	:	4.7	异白氨酸	:	7.6
丝氨酸	:	3.5	白氨酸	:	9.6
谷氨酸	:	10.5	酪氨酸	:	4.4
脯氨酸	:	4.4	苯丙氨酸	:	5.3
甘氨酸	:	4.0			

日本有一位志愿者以南极虾为主食,将60~225克的南极虾配以玉米或面粉等做成大饼,除南极虾外无其他动物性蛋白质来源,试验十七天后证明南极虾可以作为人类的一项很好的食物,唯一导致生理上的差异是血液中脂肪量略有增加。此外还有许多科学家利用南极虾作为家畜的饲料,例如以南极虾养猪,结果令人相当满意。日本目前已在实验以南极虾饲养虹鳟及海鲷,以增加肉质和表皮的鲜红度。

有关南极虾的加工利用,有下述几种方法:(1)南极虾干制品,(2)南极虾蛋白糊,(3)南极虾浓缩蛋白,(4)南极虾酱油,(5)冷冻南极虾浆,(6)南极虾丸。各种制品经多次试验后发现其味道均甚佳,值得推广。

海功号与南极虾

由于南极虾的资源丰富,营养价值又高,且南极海域远离大陆,不受海水污染,对于人类动物性蛋白质资源的供应,具有相当的潜力,现今各国无不竞相开发利用。较具规模能大量开发而领先其他国家的是俄罗斯与日本。

　　台湾地区水产试验所为振兴远洋渔业，充分利用未开发渔场，特派遣海功号试验船前往南极海域作业。海功号试验船为一艘大型艉拖式拖网试验船，备有自动导航系统，亚米加定位仪，全长 56.6 米，宽 9.1 米，重 711 吨，航行时速 12 海里，人员最高限制为 35 人。1976 年 12 月 2 日由基隆出海，次年 3 月 26 日返回，全部航程共计 115 天。调查期间以南非共和国开普敦港为基地。1977 年 1 月 5 日从开普敦港出航，往南极恩得比地（Enderby Land）附近海域调查，2 月 17 日进开普敦港，共调查 44 天，实际在南极海域 17 天（见图 13）。

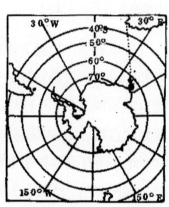

图 13　海功号所调查的南极虾渔场地理位置图（65°S）。

　　南极虾渔场的气温在 0℃～5℃之间，水温则在 0℃上下，在作业期间中，共投网 97 次，每网平均施行 3 小时左右，总渔获量 140 吨，平均每网 1.45 吨。从渔获量看，这是一次成功的试验作业，对今后开发南极虾渔业具有相当大的鼓舞作用。海功号所捕获的南极虾，曾举行烹调品尝大会以资推广，制成的菜式共计二三十种，味道相当甜美，如果将来再度到南极大量捞捕，一定能成为人人喜爱的食物。

海洋里的活化石

□ 郭立

　　我们知道，化石通常是指动物、植物或微生物在自然的状态下，被保存于岩石、冰层或地壳中，而留下来的痕迹或遗体。但是，"活化石"指的是什么呢？是活化的石头？还是活的化石？其实，"活化石"不是化石也不是石头，而是活生生的生物体，是当前动植物界的成员。简而言之，活化石是指过去的时代所遗留下来的生物，在外部形态和内部构造上与其古老的祖先并没有什么差别。也就是说，它们是古代生物的残存者，直到今天，它们仍执着地保存了古老的真面目。

最原始的软体动物——新碱贝

1952 年 5 月 6 日，丹麦的一艘研究船"嘉拉西亚号"（Galathea）在哥斯达黎加西岸的太平洋做最后航行的时候，偶然地从 3570 米深的海底捕获了十三只贝类动物。其中十只是活的，三只只剩下空壳。经过鉴定，它们是属于软体动物门（Mollusca）单板纲（Monoplacophora）、罩螺目（Tryblidioidea），新蝶科（Neopilinidae）的种类。从有关的化石纪录，罩螺目这类动物是生活在寒武纪（Cambrian）、奥陶纪（Ordovician）、志留纪（Silurian）和泥盆纪（Devonian）时代的动物。在科学家的心目中，这些动物是早在 3 亿 5 千万年前就已经灭绝了，如今又偶然地被发现。毫无疑问的，它是我们所说的活化石——新碱贝。

这种软体动物，通常生活在阴暗多泥的深海黏土中。它那扁圆匙状的壳直径只有几厘米，外形极像经常在岩岸成群出现的笠螺(见图 14)。在多年以前，某些动物学家就曾经推断，软体动物是由某种环节动物演化而来的。如果把这两种动物摆在一起做比较，从外部形态和内部构造上来讲，是非

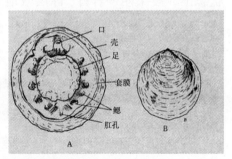

图 14 单板壳纲的原软体动物（Neopilina）。(A)腹面观，可看到二侧对称、成对的鳃。(B)壳的背面观。

常不同的。环节动物具有清楚的体节，而且是两侧对称。但是，软体动物却不具体节，而且并非完全的两侧对称（有些种类其内部器官是螺旋而上）。由此看来，这两种动物是毫不相干的。如果说，软体动物真是由环节动物演化来的，那么，必定有某种软体动物，其身体分节，而且两侧对称（环节动物的特征）；同时具有贝类的壳和成对的鳃（软体动物的特征）。如此，这种动物才能连接环节和软体动物之间演化的路线。很幸运地，1957年雷姆苋和温斯特郎发表了1952年捕获的新碱贝（Neopilina galatheae）解剖结果。使人震惊的，它们的器官系统分节（这种分节在软体动物是前所未见的），而且两侧对称；神经系统、肠、血管系统和齿舌板等，都相当于古老软体动物身上的结构。这些结构和蜗牛、牡蛎、掘足类和头足类的祖先非常相近。此等特征正符合了环节动物是软体动物祖先的条件。所以名正言顺的，我们称它为"原软体动物"。这种原软体动物不仅是活化石，而且在生物演化上占有极重要的地位。

带壳的章鱼

就海产的活化石而论，鹦鹉螺算是最漂亮的了。鹦鹉螺在分类上是属于软体动物门，头足纲（Cephalopoda）中的四鳃目（Tetrabranchia），鹦鹉螺亚目（Nautiloidea）（见图15）。

头足纲是无脊椎动物中演化最高的一类。不仅具有复杂的体质，而且从近海到远洋，到处有其踪迹。头足纲体可分头、足、躯干三部分。足在前方，躯干在后，而头则介于足与躯干之间。其足部是由特化成触手状的腕所构成，围绕在口的周围，此点和其他

图 15　鹦鹉螺（Nautilus）的外观

的软体动物迥然不同。在腕之内侧长有吸盘，可以攫取食物。直肠上方具有一墨囊，能分泌棕黑色之汁液，遇敌则经肛门到水管再喷入水中，借以逃避。鹦鹉螺和其他头足动物有些不同，腕不具吸盘而且体内亦无墨囊。更特别的是，其躯体披一个在同一平面上旋转的壳，上面还有棕红色的火焰记号。壳的半径大约在 25 厘米左右，内有 36 个气室，由隔膜分开。气室与气室之间有管子相通，具有调节气体控制浮沉的功能。

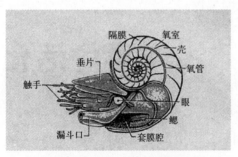

隔膜　　气室
　　　　　　壳
垂片
　　　　　　气管
触手
　　　　　　眼
　　　　　　鳃
漏斗口
　　　　套膜腔

图 16　鹦鹉螺之解剖图。左边之套膜被切除，显示出套膜腔及两个鳃。当动物体缩入壳内时，垂片可盖于壳口以保护之。

动物体本身是生活在最前端的住室里，约占全介壳的 1/2，后方的其余各室仅有空气存在而已（见图 16）。

从化石的研究得知，鹦鹉螺的历史可

追溯到后寒武纪时代，直到古生代的初期，鹦鹉螺才渐渐发展到巅峰。从鹦鹉螺的出现到现在为止，其形态几乎都没有改变，但是种的数目却从中生代的前期一直在减退中，至今仅剩下四种和两亚种。其存在范围只局限于西南太平洋的飞枝群岛，以及印尼、菲律宾与新几内亚一带热带与亚热带的海域。由于鹦鹉螺死后，其壳内的气室仍留有气体得以漂浮，所以往往能随洋流远抵日本或马达加斯加一带的海岸。在现存的头足动物中，乌贼和章鱼占有实质上的地位。相反的，鹦鹉螺只能算是海洋中没落的贵族，是古生代四鳃类的残存者罢了。

建造岩石的海百合

海百合是属于棘皮动物门（Echinodermata）[1]有柄亚门（Pelmatozoa）中海百合纲（Crinoiden）的动物。此纲中除了海百合外还有海羊齿（Feather stars），但仅有海百合是古生物种。海百合早在古生代的奥陶纪和寒武纪就开始有化石的记录，直到今天仍然有它们的踪迹。根据化石的记录，海百合类的动物在古生代及中生代的侏罗纪有过广泛的分布，估计可能有五千种左右，但今已式微，仅剩 360 种而已。在今天，种类比较多的是自由游动的海羊齿这一群，有 550 种，约占近代种的 90%。它们是属于海百合纲中地质年代最年轻

---

[1]　有柄亚门（Pelmatosoa）中海百合纲（Crinoiden）的动物。

的一支。另外一类就是着生生活的海百合了，现在仅有80种。在古生代及中生代的时候，它们曾经盛极一时。到了今天，它们仍保持了原始的特征和面貌。

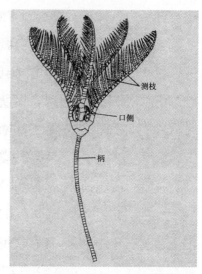

图17　海百合之外观。口侧环生五枚可以揉曲的腕。

动物与生态

海百合的躯体为杯状（见图17），我们叫它萼部，是由石灰质的骨板整齐排列而成。杯口是为口侧，环生五枚可以揉曲的腕（有的种不止五枚）。腕一再分枝，成为十个至数十个小枝，每枝两侧都列生有小毛枝，呈羽状。因外貌犹如百合花，故有海百合之名。杯底是为反口侧，下接着由许多盘状骨板所叠积而成的柄，以便固着于海底。海百合的口开于口侧

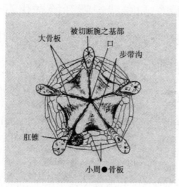

图18　海百合口侧构造图。步带沟内长有纤毛，以利摄食。

的中央，由口再向各腕分出步带沟直通小毛枝（见图18）。步带沟内长有纤毛，能利用纤毛的颤动将浮游生物送入口中。食物经过体内盘旋的消化管消化后，再折回口附近的肛门排出。

古代海百合的化石遗迹

往往形成岩石，例如阿尔卑斯山的海百合石灰岩，大部分都是由这些海百合的柄节所构成的。根据古生代寒武纪岩层中的化石纪录，属于已经绝种的有柄亚门异柱类（Heterostelea），在形态上和现在的海百合很相像，很可能就是海百合的祖先。有些动物学家亦推断，其他的棘皮动物如海星、海胆、阳遂足等，也可能是从有柄亚门演化出来的。但到今天为止仍未有任何的化石证据能支持此说。

最长寿的活化石

海豆芽在体态上因为酷似软体动物门的双壳类，所以在以前均被误认为是软体动物。其实它在分类上，是属于腕足动物门（Brachiopoda）、无关节目（Ecardines）的成员。

海豆芽是具有一肉质柄的着生海产小动物，整个躯体包被在一个柔软的外套膜内，外套向外分泌二枚略呈长方形的石灰质介壳，故以前都被误认为是双壳类。其实海豆芽之介壳系在体之背腹面，与双壳类在体之左右面完全不同。海豆芽肌肉质的柄是从腹介的后端伸出，具有运动能力（见图19）。在体腔内还存有三对肌肉，用以开阖介壳，另有两对连于柄部及介壳，所以其躯体可以随意地翻转。除此之外，它在躯体的前部有一对总担，其上列生有纤毛状之触手，借以攫食，并兼营

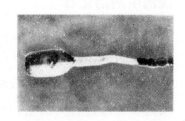

图 19　最长寿的"活化石"海豆芽（Lin-gula）。

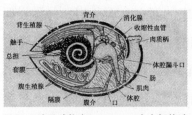

图 20 腕足动物（Brachiopoda）内部构造

呼吸、感觉等机能（见图20）。海豆芽通常生活在西太平洋的热带海域，是浅海性的着生生物。它会利用伸出的肉质柄作洞于泥沙中，然后栖息其内。此洞分上下两部，上部侧扁，可容其身，下部细小而圆，以容其柄。如遇有外来的刺激时，会先骤缩其柄，将躯体引入洞内，以避敌害。

腕足类和海百合一样，在古生代的末期就达到了形态式样和种数目的最高峰。据估计，在古生代有456属，在中生代有177属，约30000种。但到了现在，腕足类已渐式微，仅存2目70属260种。在动物界的演化过程中，有些种类极易变化和适应（如昆虫类），亦有顽强不变如海豆芽者。从寒武纪迄今，它已经过4亿5千余万年之悠久岁月，可以算是保守性特强的代表种。当然，我们也可以说它是最长寿的"活化石"了。

浅海中的活化石

剑尾的俗名是"帝王蟹"、"马蹄蟹"或"剑尾蟹"，也就是我们所称的鲎。因为它具有角质的甲壳及分节的肢，无怪乎我们可以说它是节肢动物。在以前，动物学家一直拿它当蟹看，经过长久的努力后才把它归到蜘蛛网里，[1]这是因

———————————————

① 有些学者把它归到切口纲（Merostomata）。

为它和蜘蛛纲里的蝎有很大相似点的缘故。今天，剑尾类被视为是蜘蛛纲里某一动物群的最后代表，这种动物群早在寒武纪时即已出现，而且在古生代曾经有过很多的种。二叠纪以后，约两亿年来它在构造上一直没有改变，可以说是一种典型的"活化石"（见图21）。

鲎的躯体可分为头胸及腹两部分。头胸部呈半圆形，外被有马蹄状的坚甲，头上具有无柄之复眼一对，在两眼之间又有一小眼。鲎的腹部呈六角形，腹甲宽广而不分节，其边缘有针状突起（见图22）。在口的两缘有脚六对，头胸部与腹部之间有可动之关节，尾端有强直之剑状物。鲎体呈深褐色，长在60~100百厘米之间，宽约三厘米。

鲎常栖于近海多藻之泥沙底，能蛰居亦能游泳，尤在晚间格外活泼，常以小形无脊椎动物为食。其产卵期在春季至秋季，常在初夏交配。此时成熟的雄鲎会伏于雌鲎的背上，收集小形之卵。当卵在体外受精后会被埋在潮线间之沙土中。待卵孵化后经数次的脱皮而生长，四年可成长到八厘

图21 鲎的外观

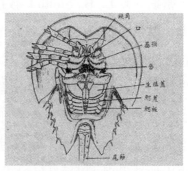

图22 鲎之腹面构造

米，五年之后每年脱皮一次。十至十二年即停止脱皮，到了该阶段雌雄较易辨别。

现今鲎仅存三属，共五种。其中鲎这一属是产在美国大西洋沿岸和墨西哥湾；另外两属都在亚洲，例如孟加拉湾、菲律宾、日本及新几内亚。前者有时会到河流或河海交界的半淡水来。根据小型拖网渔船的经验，这一属的产地以台湾海峡中线以西靠近祖国大陆较多，中线以东靠近台湾较少。

虽然鲎在闽浙沿海一带产量较多，但是缺乏经济价值，味又不甚鲜美，所以不被人注意。据说在二次大战前，铝制品还未普及，有不少家庭使用鲎壳制成的"鲎斛"，用来作为掬粥或取水的工具。可惜现今"鲎斛"在台湾也极难见到了。现在鲎大多由标本加工商购买，作为壁饰用而已。

陆栖脊椎动物的祖先

1938 年 12 月 22 日，东伦敦渔业有限公司的"EI8"号渔船，偶然地在南非外海捕获一条奇形怪状的鱼。这条鱼经史密斯（J. L. B. Smith）教授鉴定的结果，是属于总鳍鱼类腔棘目（Coelacanthiformes）中的古老种，被命名为腔棘鱼（*Latimeria chalumnae*）。这种鱼具有极强的保守性，从古生代的泥盆纪到中生代的白垩纪，都有其化石记录。但是到了白垩纪以后的新生代似乎都已经灭绝了，找不到任何化石上的踪迹。没想到七千万年后（1938 年），在南非的外海又再次地被发现。以后又经过十四年（1952 年），有一名渔夫，

动物与生态

44

在靠近科摩罗（Comoro）①的暗礁岛（Anjonan）又捕获第二条腔棘鱼。以后的数年，在科摩罗一带的海域又有陆续的捕获，到最近已达十尾以上。现在已经知道，科摩罗就是腔棘鱼的故乡。它通常生活在150~800米间的深海岩石斜坡上，以10~12厘米长的小鱼为食。其实当地的渔人早就知道有此种鱼存在，只是用不同的名字罢了。

腔棘鱼体呈纺锤形，全身有很厚的层鳞（cosmoid scales）。尾呈歪型或对称型，有时分为三叶。鳍为肉鳍。②气鳔占有腹腔背侧的全部空间，腹面有孔与食道相通。但是鳔内的空腔甚小，鳔壁有95%是脂肪质，不仅没有呼吸空气的作用，就是调节鱼的比重和控制其浮沉的能力亦很小。此种鱼的头骨已相当硬骨化，脑甚小，仅占颅腔后方的1%，其余的99%充满脂肪，脑的构造多少近似于真骨鱼类。在颅骨内，具有可动关节，而颌骨与颅底的关节为舌接型（hyostylic type）而非自接型（autostylic type）③。它的前后鼻孔均开于头部的上方，但与呼吸无关。其红细胞大形，与板鳃类（鲛类）、肺鱼类及两生类相似。卵亦大形，但发生过程尚不清楚。这种鱼从侏罗纪以来一直很少改变，我们

① 科摩罗是在东非海岸和马达加斯加北端之间的群岛。

② 肉鳍乃指偶鳍具有一多节之主轴，两侧有若干分枝，鳍身有丰富之肌肉，能随意运动。此为总鳍鱼类之特征之一。

③ 自接型乃上颌靠方软骨（palatoquadrate）与颅骨底部形成关节，为原始型。舌接型乃上颌间接的靠舌颌软骨（hyomandibular）以联于颅骨，为较进化型。

称它为"活化石"是当
之无愧的（见图 23）。

自从腔棘鱼被发现
以后，动物学家就顺利
地解决了在白垩纪以后
找不到腔棘鱼化石的原
因。他们猜想，腔棘鱼

图 23　在科摩罗附近所捕获之腔棘鱼（Coel-
acanth）

在泥盆纪之初是栖于淡水的生物，但到了中生代即变为海
栖，而且在白垩纪以后的新生代（第三纪和冰河期）改转入
深海中生活。因为在深海中形成化石沉积的机会远较浅海中
小，所以在白垩纪以后自然找不到化石的记录。现在这个假
说已可从腔棘鱼的产地得到证实。科摩罗腔棘鱼的生存空间
是在陆棚之下 200 米深的界限，在这么深的界限内确实是很
少有什么化石的沉积发生。所以找不到腔棘鱼化石的记录是
可以预料到的。由此，腔棘鱼是在新生代才转变为深海生物
的假说亦可以得到间接的证明。

有肺的鱼类

肺鱼在分类地位上是属于总鳍鱼类中的肺鱼目（Dipnoi）
或称为泥鳗目（Lepidosireniformes）。现生的肺鱼仅有三属，
即产在非洲的原鳍鱼（Protopterus）、南美的泥鳗（Lepidosiren）
和澳大利亚的新角齿鱼（Epiceratodus），我们各简称为非洲、

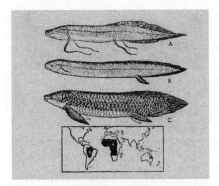

图 24 现生肺鱼类三属，及其地理分布图：A. 原鳍鱼（Protopterus），B. 泥鳗（Lepidosiren），C. 新角齿鱼（Neoceratodus）。其中仅有新角齿鱼（大洋洲肺鱼）是活化石。

南美洲及澳大利亚肺鱼。其中仅有澳大利亚肺鱼是我们所说的"活化石"。早在 1833 年，奥地利的动物学家纳特雷（J.Natterer）首先在南美发现第一条肺鱼。以后不出几年，也有人在非洲发现另一种肺鱼。在当时，肺鱼的发现只不过是造成科学界小小的波动而已。没想到在 1870 年，葛莱佛特（G. Krefft）发现了属于"活化石"的澳大利亚肺鱼，才造成科学界空前的轰动。

肺鱼的躯体长而似鳗，有内鼻孔，偶鳍叶状或鞭状（如非洲肺鱼），尾鳍为对称形，背鳍与尾鳍相连合（见图 24）。鳔之腹侧有孔，与气道连接而开口于食道。鳔壁富于血管，可以呼吸空气。心耳不完全地分为左右两半，故有体循环与肺循环的雏形，和陆生的四足类及两栖类很近似。肠有螺旋瓣，但无幽门盲囊。内骨骼不完全的硬骨化，头骨大部分为软骨性（软颅）。

虽然这种肺鱼在古生代的泥盆纪就已经出现，但是只有澳大利亚肺鱼在解剖和外形上与三叠纪的肺鱼没有什么差别。也就是说，它是肺鱼中唯一真正的活化石。至于非洲和南美洲的肺鱼，它们不论在外形上或解剖构造上都已经和它们的祖先大不相同，就是在行为上它们与澳大利亚肺鱼也不相同。非洲和南美洲的肺鱼在其生殖期会筑巢，且由雄性个体负责养育。而澳大利亚肺鱼只不过在水草中产卵罢了。还有一点，澳大利亚肺鱼不能离水生活，即使在干旱季节，也须在静水潭中度过。但是南美和非洲的肺鱼和此不同，当江湖干涸的时候，它们可以就地在土壤中，用黏液腺所分泌的黏液，将泥土粘成一个土房，房顶留有小孔，可以呼吸空气，借此蛰居其中，以渡过干旱的环境。在蛰居期间，肾脏与生殖腺附近所贮存之脂肪可供其生存所需。这些不同的特征都说明了只有澳洲肺鱼才是古老种的活化石。

结语

海洋里的活化石除上述几种外，还有翁戎螺（Pleurotomaria）、六鳃鲛（Hexanchus）中的小鲛（Hexanchus griseus）、螯虾（Eryoniden）、矽质海绵（Hyalospongia）等。在大自然里，从生命的发生至今，有千千万万不同的物种栖息于海洋、陆地或空中。它们的生存环境各不相同，有的演化过程中会遭到无情的淘汰，但有的却愈发兴盛，活化石就是这种将被淘汰的古生物种。它们能够继续存活到今，不论对古生物学家或是关心进化问题的动植物学家来说，都是极富趣味的。因为活化石可以提供一些化石所没有的资料，尤其是关于解剖特征和生活习性方面。由于这个缘故，活化石就如同化石本身一样，替我们在进一步认识古动植物上洞开了方便之门。

大熊猫的探讨

□陈国成

世界珍奇的稀有动物

大熊猫的可爱和吸引力，恐怕没有其他动物比得上，它已被列为世界的珍宝，是濒临绝种的珍贵动物之代表，也是考验生态保育的试金石。动物学界、动物园工作人员和国际保护野生动物组织，都在致力于大熊猫的地理分布，进化探讨、生态调查、生理研究、人工饲养和繁殖生长发育的观察。大家一致认为大熊猫已逐渐步入绝灭的命运，必须为它保留最后的栖身处所，让野生者得以在自然保护区安全自在

褐熊　北极熊　亚洲黑熊　美洲黑熊　马来熊　懒熊　眼睛熊　大熊猫　浣熊　红猫熊

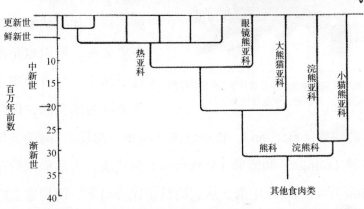

图25　由现代分子生物学方法所得资料做成的系统发生树，将大熊猫置于熊科，在此科内基于它的特殊性，足可另立为大熊猫亚科。

地成长繁衍，同时须以人为方式大量培植大熊猫主食的冷箭竹，让食物来源不致匮乏，必要时还得施行优良配种，应用生物科技来协助这类珍奇动物存活下去。

　　大熊猫（giant panda）的学名为"熊猫"。祖国大陆称为大熊猫，日本名称也如此，台湾地区多取名为大熊猫或熊猫。近百余年，生物学家对于这个物种的正确分类一直争论不休。现代分子生物学方法汇集的资料证实，现代的熊科（Ursidae）和浣熊科（Procyonidae）约在3500万~4000万年前进化成两个不同的系（见图25）。经过约1000万年，浣熊这一科分成旧大陆浣熊和新大陆浣熊两类，前者居住于欧洲、非洲与亚洲，以今日的红熊猫（red panda）为代表（见图26），一般称为小熊猫（lesser panda），被认为已

图 26 红猫熊体型较小呈棕黄色，有条环纹的长尾巴，喜群居，也嗜食竹类。

具有亚科的地位。有些解剖学上的特征和大熊猫一样，如平的磨齿有多重尖头，所以也是吃竹子高手。后者分布于北美洲和南美洲，以今日的浣熊（raccoon）、长鼻浣熊（coati，狗属）、南美节尾浣熊（olingo）和蜜熊（kinkaijou）为代表。大熊猫则约在1500万~2500万年前，从它的熊祖先分出来，因构造上的特殊性，足以成为另一大熊猫亚科（Ailuropodinae），而被视为逾百万年的化石级国宝。

自然界的悲剧动物

大熊猫在生物演化过程中，一直是个逃避主义者，畏惧强敌，个性害羞又带些斯文。它们生性孤独，不懂得合群；缺乏感情生活、发情期短、交配困难；生活单调，终日为果腹不断地去觅食；居无定所，连行动都常是走 Z 字形，像是逃避什么，缺少安全感。因其不愿意人们闯入，所以野外调查工作不易进行，要想人工繁殖更是难上加难。

大熊猫的化石纪录有三百万年，分布广达中国东部和缅甸北部（见图 27）。早年大熊猫生长在风光明媚的江南地区，是肉食动物。后来竞争不过天敌，加上人为活动的干扰，才逐渐向西迁移，过鄂入蜀，如今退到四川卧龙一带的岷山山

动物与生态

脉中，躲入营养贫乏的茂竹丛林。大熊猫身体滚圆，毛粗皮硬耐摩擦，可防止其他食肉强敌来侵，据说其肉质也粗，没有猛兽嗜食，可能也是幸存之道。

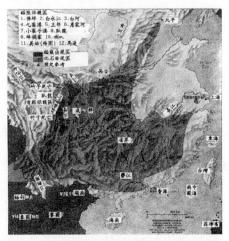

图27 猫熊的家乡：四川、陕西及甘肃南部高山地区，包括十二处大猫熊自然保护区。

生长的地理环境

自然地理

大熊猫今日主要分布在四川境内横断山脉东缘与盆地接壤的南北走向的狭长地带。南起大凉山沿邛崃山脉以北至南坪县，延至甘肃省文县的南端，即在东经102°00'至东经104°40'，北纬28°00'至北纬33°25'。此外，秦岭南坡中段，即东经107°46'至东经107°56'，北纬33°35'至北纬33°41'，也有少数分布。全地区海拔高1500～3600米，大熊猫适应区的海拔则为2200～2600米。冬季平均温度为－10℃，湿度为90%；夏季平均温度为25℃，湿度为60%。全区湿度高，冬夏温度相差悬殊。

植物相

海拔1500～2100米处，除常绿树种外，尚混生桦树、槭树，榛属的一些种和漆树等落叶树种。常绿、落叶混交林中有一种十分珍贵的落叶树珙桐，这是特珍奇的单型属植物，被列为保护植物。林下灌木属发达，包括大熊猫主食的箭竹、山柳等。

海拔 2100~2600 米处，随着地势，气温逐渐降低。耐寒的针叶树有了立足之地，铁杉、冷杉、云杉、华山松，油松等针叶树占据了森林的最高层次，与阔叶树组成针阔混交林。喜生于山地的灌木杜鹃、花楸等与大量竹类为林下灌木属的主要成分。

海拔 2600~3600 米处，云杉和冷杉占了绝对优势，成为亚高山针叶树林的主要成员。林下有大量箭竹和杜鹃。与大熊猫存活密切相关的箭竹，从海拔 1500 米至 3600 米都有分布。上层阔叶树和针叶树受外界因素破坏时，生命力极强的箭竹可利用地下横走的竹鞭不断生出新芽，一根根春笋便冒地而起，形成密实的竹丛。海拔 2100~3600 米高处的箭竹茂密地带，便为大熊猫的主要栖息地。

自然保护区

熊猫的保护区中（见表 3），以卧龙自然保护区最著名，该保护区位于四川省汶川县岷江上游，距成都约 100 千米，总面积达 20 万公顷。1963 年成立，1980 年纳入世界自然保护区，次年建立大熊猫研究中心。海拔从入口处 1200 米到最高的四姑娘山 6250 米，全年平均温度不到 9℃。保护区里群山连绵溪水蜿蜒，翠谷流泉，景色奇绝。大熊猫喜栖于原始森林和林下灌木层，密实的冷箭竹林正是大熊猫的天然乐园。

动物与生态

表3 中国大熊猫自然保护区

省区	名　称	位置	面积（公顷）	主要保护对象	划定日期
四川	卧龙自然保护区	汶川县	200000	大熊猫等珍稀动物及自然生能系统	1975年划定（1963年成立）
四川	王朗自然保护区	平武县	27700	大熊猫等珍稀动物	1963年
四川	唐家河自然保护区	青川县	40000	大熊猫等珍稀动物及自然生态系统	1978年
四川	马边大风项自然保护区	马边县	30000	大熊猫等珍稀动物及自然生态系统	1978年
四川	美姑大风项自然保护区	美姑县	16000	大熊猫等珍稀动物及自然生态系统	1978年
四川	九寨沟自然保护区	南坪县	60000	自然风景区及大熊猫等珍稀动物	1978年
四川	蜂桶寨自然保护区	宝兴县	40000	大熊猫等珍稀动物及自然生态系统	1975年
四川	小寨子沟自然保护区	北川县	6700	大熊猫等珍稀动物	1979年
四川	白河自然保护区	南坪县	20000	金丝猴等珍稀动物	1963年
四川	喇叭河自然保护区	天全县	12000	羚牛等珍稀动物	1963年
陕西	太白山自然保护区	太白、郿、周至三县	54158	自然历史遗产	
陕西	佛坪自然保护区	佛坪县	35000	大熊猫等珍稀动物及自然生态系统	1978年
甘肃	白水江自然保护区	文县、武都县	90953	大熊猫等珍稀动物及自然生态系统	1963年

独特的外形和特征

大熊猫的种种特征都和它的演化过程有关，可综合数点如下：

1.大熊猫自成一亚科，其不属于熊亚科的理由，不仅源于食物的特化，同时两者的习性和染色体数目亦有显著差异。一般分布在高山的熊都会冬眠，大熊猫则全年活动，因为其所主食的竹子无法充分提供冬眠必需的热量。熊属的褐熊有三十七对染色体，各个染色体均是端位染色体；大熊猫有二十一对染色体，各染色体多属中位染色体，显示其中位染色体乃由祖先熊（目前已绝种）的两个端位染色体联结而成（见图 28）。红熊猫则有二十二对染色体。

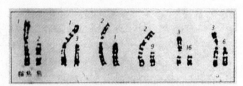

图28　大熊猫（每对左方）的代表性染色体（第一至三对）与同源的褐熊（Ursus arctos）染色体，相较图。例如大熊猫的第一对染色体一半与褐熊的第二对染色体同源，另一半则与褐熊的第三对染色体同源。

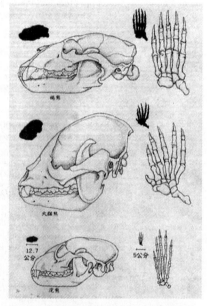

图29　大熊猫的骨骼构造与近亲褐熊、浣熊不同。大熊猫特殊的头骨表示其草食性适应，加宽的臼齿和增大的犬齿须于撕咬竹子，各掌另有一根由腕骨延长而成的尖形大拇指。

2. 大熊猫的骨骼大而厚（见图 29），为同型动物的两倍重。特别是头部，既宽大又厚重。颚骨的质地也强硬有力，能咀嚼坚韧如竹子的食物。

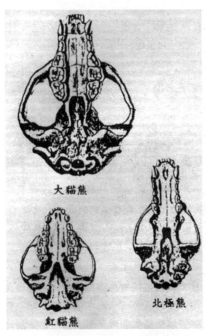

大貓熊

紅貓熊

北極熊

图 30　大熊猫、北极熊和红猫熊的齿形和颚
长的比较。

3.大熊猫的牙齿宽且厚，磨碎能力强，齿式为 3/3，1/1，4/3，2/3 = 40，（依序为门齿、犬齿、前臼齿、臼齿）。其中犬齿变短而钝；臼齿加宽，齿冠多棱形齿尖（见图 30）。大熊猫以脆嫩清香的竹笋及竹叶为主食，也吃一些果实，偶尔还吃动物性食物，堪称肉食动物中的素食者。食性是高度特化及长期演化的结果，这种结果使它只能适应竹类繁衍的阴湿环境。

4.大熊猫前脚掌中有一由腕骨进化而成的假大拇指，该掌因前面一排五个手指和一个小形拇指而变得特别灵活（见图 31）。灵活的前脚掌使它能够坐着取食。

5. 熊猫的消化系统与食肉动物相似，胃部不具反刍功能，亦无产生纤维酶的微生物，所以不能消化竹类纤维。肠粗短且没有盲肠，吸收少排泄快，食物很少能充分发酵。主食的箭竹（Sinurundinaris spp.）营养含量不高，必须大量取食。野生者借着不断摘下竹枝而运动。动物园饲养则常食备妥的竹叶，致缺乏运动而生长不良。大熊猫平均每日要吃 15~20 千克的竹叶和竹茎，野生者一天约有 16 小时在寻找食物，因此养成边吃边睡的习惯，居无定所。

6. 大熊猫以发达而厚密的毛层增加御寒抗冻的能力，因此冬季积雪的箭竹林中仍有它活动的足迹（见图 32）。熊猫的活动范围常与箭竹的生长和水源的分布密切相关。

图 31　灵活的前脚掌可以帮忙大猫熊坐着吃竹叶。

图 32　大猫熊没有冬眠，能耐严寒。

7. 熊猫的个性较畏缩，很少主动攻击，更少报复行动，所以总是在清洁的活水源和箭竹发育良好的地区活动。只有在育幼期发挥母爱，抵抗强敌来犯（见图 33）。平日多单独行动，喜欢隐蔽，活动范围常限于十至三十公顷之内。

图 33　性情温和的大熊猫，遇到强敌威胁到幼儿时，也会发生母性强力反扑。

8. 并非所有箭竹都为大熊猫所喜食，它们对竹类有很强的选择性。自然保护区内可以看到冷箭竹、拐棍竹、大箭竹、箭竹、丰实箭竹和白箭竹等，其中冷箭竹是大熊猫最喜欢的食场。在冷箭竹分布最集中的针阔叶混合林带，其活动最频繁，它们总是敏锐地选取营养期生长最好的脆嫩冷箭竹。富含蛋白质、脂肪、糖类及多种维生素的竹笋也是大熊猫喜爱的食物。有时候并摘果实，以调配过分单调的食谱。

繁殖的难题重重

专家学者公认大熊猫的生殖力差和近亲交配（inbreeding）是衰亡的主因。大熊猫的婚姻生活并不甜蜜，交配对象也狭窄。发情期多在每年 4 月，约 25 日。发情时，雌者两个腺体会分泌乳白色带酸味油液，吸引雄者。雄体嗅到则抬起后脚将尿液喷洒其上，尿液混合着生殖腺的分泌物，腥味浓烈。交尾前雄者常需为争宠而相斗，胜者才能获得育种权利。大熊猫因活动有限，胜者常是近亲，以致处于遗传劣势，造成后代退化。大熊猫喜择雨天或雨后转晴的天气交配；饲于动物园者，交尾时间则多在早上和黄昏。

受孕率不高的原因，一方面是雌者卵巢活动力小（左边卵巢比右边卵巢大，右边卵巢有时不形成卵泡），卵泡数又极多（卵巢进化程度慢，仍保留较低等的特性，故形成大量卵泡），致卵泡发育受阻。初级卵泡分布在卵巢的皮质浅层上，次级卵泡则在成熟中的卵泡附近或与成熟卵泡相连接，这些卵泡重叠成块突出卵巢表面，大小可达12.5mm×9.0mm×6.5mm；卵泡数虽多，但一次所排之卵真正成熟者仅一至两个，因此精子与成熟卵相遇的机会便少。另一方面是雄者精子头部末端所含的粒线体太少，致精子游动力弱而不易与卵子会合。

雌者的妊娠期为 120～158 天，长短不一。怀孕期间，其腹部和乳房无明显变化。产前三天基本上不吃不喝，也少活动，所以体力不佳。一般每胎虽产二仔，但常弃去较弱的第二仔。母方须担负选择产仔洞穴、筑巢和哺乳（见图 34）等繁重劳动。幼儿养育颇为困难，新生胎儿体重仅约 110 克，只有母体重量的 1/800（见图 35）。母者体态笨拙，遇到侵袭常无法妥善照顾幼儿，而幼儿断奶又需时半年以上；加上在天然恶劣的环境里觅食不易，竹源一断幼儿的发育便不良，存活率当然大大降低。

图 34　大熊猫授乳采用坐姿，幼儿在母亲怀里特别温馨。

图 35　大熊猫的幼儿成长过程：初生胎儿只有母体重的 1/800，幼儿成长快速，需要细心呵护。四十天后睁开眼睛，到了四个月大体重约达三千克时脚步才会站稳。

化危机为生机

　　大熊猫的数量正逐渐减少，祖国大陆高原森林带所剩不及 700 只；其他各地包括九所世界著名国家动物园（华盛顿、纽约、芝加哥、伦敦、柏林、墨西哥城、马德里、巴黎及日本上野动物园）和朝鲜平壤动物园所饲养，及祖国大陆各大都市动物园（以成都、重庆、北京和福州动物园饲养数目较多）所饲养，加上研究中心所饲养，总数不及 100 只。这个国宝级动物正走向衰亡之路，怎不令野生动物保护者忧心。

　　1983 年，四川省卧龙自然保护区内有 95% 的竹类开花枯死（箭竹的开花周期为 75 年）。1975 年有 115 只大熊猫死亡，主要源于食物匮乏造成的饥饿危机。曾采取一系列抢救措施，六年来拯救过十六只，其中救活了七只，包括举世仅见的棕色大熊猫（现饲养在西安动物园）和愈后戴上无线电监视器重返山林以利生态调查的三只，余下的九只则不幸伤病死去。目前，自然保护区的竹子已重新萌生，对现存大熊猫是一喜讯；但是伐木、采竹、烧荒等破坏现象仍威胁着它们的生存。

大熊猫的御敌能力衰弱退化，在野外的主要天敌有云豹（cloud leopard）和华南金猫（goldcat）（见图36）等，这些掠食者主要危害幼龄和衰老个体。真正可怕的还是人类的暗置陷阱狩猎，现在偷猎的情形已遏止。

解困之道可在自然保护区建立竹子走廊，如将天南山的竹林与兴隆岭的竹林连接起来，使两地大熊猫的种群得以互

图36　大熊猫的两种主要天敌：（左）云豹与（右）华南金猫

通。各地保护区积极采用类似措施，便可减经近亲繁殖的危机。在人为上则可设法将本地的雄者移出，并将他地的良种引入，避免近亲交配，以有效发挥半天然式繁殖法。

在学术界，可奖助有关大熊猫的生理、病理和遗传等研究，运用无线电遥控装置，实地追踪野生大熊猫在自然环境中的生活，探讨它的习性，食性、繁殖过程、生境、人为的影响，从而找出它的生存繁衍的最适条件。另外还须加强国

际间合作，借重国内外动物和环境科学专家的智慧以及野生动物基金会等组织的力量，实现保护与扩大繁殖的计划。而鼓励世界各国动物园从事人工饲养、人工授精、人工驯化及生理病理研究亦不可少。

漫谈蝴蝶

□ 李世元

在中国的古老传说中，有一媲美"罗密欧与朱丽叶"的故事，即"梁山伯和祝英台"。当祝英台悲痛地哭倒在梁山伯的墓前时，山崩地裂，一声巨响，出现一个大裂洞，将其二人吞没，而后有一对美丽的蝴蝶从裂缝中飞出。古时，我们对蝴蝶的看法，它们是高贵、美丽和大方的，并象征着爱情不渝。

生理结构

蝴蝶属节肢动物门，昆虫纲，鳞翅目、蝶亚目（垂翅亚目），下分凤蝶、粉蝶、斑蝶、蛱蝶、蛇目蝶、环纹蝶、小灰蝶、小灰蛱蝶、弄蝶、天狗蝶、魔尔浮蝶、猫头鹰蝶科，共十二科（见表4）。世界的蝴蝶约有一万五千种，分布很广，甚至高达喜马拉雅山，都有它的踪迹。

蝴蝶有三对脚（昆虫皆具三对脚），一对复眼，复眼前有一对触角，为棍棒状（仅弄蝶在膨大部分的尖端延伸成钩形，见图37）。身体分成头、胸、腹三部分，胸部有前、后翅各一对，翅由翅膜及翅脉所构成，翅面上下均生有鳞片，鳞片由细胞转变而成。腹部一般为十节环，但第一节常退化，第九、十两节特化成保护生殖器的一部分，故由外表仅可算出七节。体壁为几丁质，内附肌肉，称为外骨骼(exoskeleton)，但无脊椎动物的内骨骼，运动主要靠外骨骼和肌肉的配合，肌肉是由许多具有弹性的细胞所构成，附着在外骨骼及少数内骨，而控制身体内、外器官的运动，肌肉所生的力量极为

表4　　　　蝴蝶种类

科　目	目前全世界总数量（约）
凤蝶	600
粉蝶	1500
斑蝶	450
蛇目蝶	
环纹蝶	
小灰蝶	3000
小灰蛱蝶	1000
弄蝶	3000
天狗蝶	
魔尔浮蝶	80
猫头鹰蝶	80

棍棒状　　　　弄蝶

图37　蝴蝶之触角

惊人，翅所具的飞行能力，不下于作长途飞行的雁鸟。神经系统为无脊椎动物中最发达的一种，主要由两条纵走神经索（commissure）贯穿体腔腹面，每一体节有一对神经节（ganglion），在头部由三对神经节结合成为脑，但不像人类将全身的中枢作用集中于脑，所以割断头部，身躯不会立刻死亡，仍可维持一段时间的活动。消化系统分前肠、中肠、后肠，很不发达，因所食为花蜜或植物液汁等流体，所以无粪便的排出（幼虫时，口器和消化系统特别发达，啮蚕食叶片为生，所以有粪便的产生）。呼吸系统由气孔（spiracles）和气管（tracheae）构成，气孔分布在每一腹节侧面，气孔连接体内气管，气管再分布于体内各组织间，直接与细胞借扩散作用行气体交换，不经由血液的运输。循环系统很简单，只有一条背管（dorsal vessel），位于背部皮下。腹部膨大部分为心脏，胸部管状者为动脉，血液由腹腔进入心脏，经动脉在前端直接流入体内，并往后运行，属于开放式循环系统。血液不含血红素，呈淡黄色（昆虫的血液均不含血红素，大多为绿或褐色，亦有无色），排泄系统不发达，主要为马氏小管（Malpighian tubules），这些丝状的马氏小管，在体内收集细胞代谢后的废物，集中于中、后肠间。蝴蝶的生殖器，雄性有精巢（testis）、贮精囊（vesicula seminalis）、射精管（ejaculatory duct）、副腺（accessory glands）、外生殖器（genitalia）。雌性有卵巢（ovary）、副腺、受精囊（spermatheca）、交尾囊（bursa copalatrix）、产卵器（ovipositor）。

一生和防御作用

蝴蝶的生长属于完全变态，有卵、幼虫、蛹及成虫四个阶段。当一对蝴蝶交配后（一生只交配一次），雌蝶大部分都把卵产在新叶子上（可能与新叶挥发性化学物质较浓有关），约一星期后即可孵化成幼虫，幼虫用口器咬破卵壳，爬出后，即将卵壳吃下，就开始啃食母亲为其选择的植物。幼虫体表着生少许毛或各型臭角和肉角，无密生毛的种类（由此可区分蝶、蛾的幼虫，一般称全身长满毛的毛毛虫，为蛾的幼虫）。此时幼虫毫无抵抗力，但它凭借着身上特有的花纹，或者地形地利之便，模仿成另一种模样来掩人耳目，或拟态成它种恐怖的样子来逃避天敌（见图38、39）。

图38 凤蝶之幼虫躲在叶子内，像眼睛的部分只不过是花纹，真正眼睛在头部尖端黑色之三角形部分，它们用此怪模样威吓敌人，以保护身体。

图39 黑凤蝶的幼虫。幼虫受到蚂蚁等敌物的攻击时，会伸出腥臭的臭角（红色部分）来吓唬敌人，还借其臭味保护自己。

而有的幼虫，在受攻击时，会伸出腥臭的臭角来吓退敌人。虽然它们有各型各类的保护装备，但由于天敌众多，加上气候、地理等因素，能生存的并不多。

疯狂的啃食树叶后，进入蛹期，蛹大致为以下三类：

一、带蛹（cantigna pupa）：蛹头朝上，用吐出的丝，将自己捆缚于树干上。凤蝶居多。

二、悬蛹（suspensa pupa）：用尾端所附的丝把自己倒挂在树枝上。蛱蝶居多。

三、被蛹（obtect pupa）：把带状的丝裹在身上，然后钻入叶片中，弄蝶类居多（见图40）。

当蝴蝶的蛹内幼虫组织和器官破坏，而成虫的重建完成后，即破蛹羽化成蝴蝶。刚出来时，翅好像揉成一团的纸，它的脚抓住蛹壳，呈悬吊状态，用体液的

图40 （左）悬蛹，（右）带蛹

力量注入其翅脉，如同吹气球般的膨胀，使绉褶的翅展开，呈现美丽的色彩，约一小时后，翅坚硬了，即展翅振飞，开始寻找其配偶（见图41）。成虫由于带有传宗接代的重任，所以本身抗拒天敌的条件相当充足，翅的背面色彩如同枯叶的枯叶蝶（Kallima inachus farmosana Frahstorfer），可说是最具代表性，其形状不但酷似枯叶，连翅背还有叶脉和虫蚀

状花纹（见图42）。小灰蝶亦然，它的后翅形成一类似头部的图案，翅后部两条丝状的尾巴，如同它的头和触角，此"假头"可以愚弄敌人，使其不知攻击哪一边才对，而降低了死亡率。

另一类型的保护方法，就是身上带有异味，有麝香、水果香、巧克力、薄荷，甚至尸臭，这些异味，有的对人来说，并无威胁，但对它的天敌来说，却不好受。在南美洲，有一群带有毒性的蛱蝶（Heliconius），气味很浓，十步内就可闻到，鸟类吃下后，不是肚痛就是死亡，它的色彩斑纹鲜明单纯，易于辨别，所以只要牺牲族群的一小部分，即可保全大部分。有些不具毒，但色彩形态和其类似的种类，也得以受到保护。

最有趣的要算是斑蝶了！当雄性斑蝶被抓住时，从腹部后面会突然地跑出鲜黄色的毛束，惊吓天敌，它即可乘机逃走。此毛球乃是雄性生殖器的一部分，真正的功用还是在交配，但是也具有散发味道吸引雌蝶，并且吓退敌人的双重功能。

图41 （左）幼蝶抓住壳呈悬吊状，而把翅展开。（右）一小时后，翅便告硬化。

图42 木叶蝶，右图为反面

蝴蝶谷

蝴蝶也有如雁鸟们向南飞至某处过冬的特性,以惊人的数量飞行时,在空中形成一条美丽的彩带(见图 43)。最具代表性的要属北美洲的大桦斑蝶(Danaus plexippns)。冬天时大举南飞至墨西哥西勒马赘山上,度过漫长的冬天,此时山上的温度低于结冰的温度,蝴蝶被冻得呈半休止状态,几乎不消耗体内的脂肪,剩余的则作为日后北飞能量的来源。

图43　蝴蝶成群的在墨西哥西勒马赘山上过冬。

台湾地区亦有类似的情形,我们称之为"蝴蝶谷",但台湾地区的蝴蝶可分为越冬型、蝶道型和生态系型等三种。

紫蝶幽谷乃袋状山谷,在严寒的冬天,异常暖和,成千上万只蝴蝶密密麻麻地停在树上,将树木全部覆盖,而只见蝴蝶们美丽的色彩,它们静静地停在树上,如此可防止空气流通,借以保暖,又加以体内脂肪氧化,形成体温,保存并累积这些微弱的温度,创造了更有利的越冬环境。

在台湾地区,大量的蝴蝶通常都发生于深山中,羽化的成蝶大量的产生,无法在生长的环境找到足够的食物,就必须分散至其他地方，减少族群的竞争，而连接生长地区最安全的路线就是山溪，顺着山溪飞行，自然地形成一定的航线，称为"蝶道"，如够大的话，即可称为"蝶道型蝴蝶谷"。

　　在一地区，能够供应蝴蝶一生所需的食物，又当地理、气候和天敌等因素皆适合繁殖时，产生的蝴蝶数量就相当地可观，于是形成了所谓的"生态系型蝴蝶谷"，但是在成蝶期间，由于数量庞大，会成群地向外分散，所以有时亦兼有蝶道型的特色。

蝴蝶的变异

　　人如有基因突变或其他因素而外表与众不同，即被视为异物，但蝶类若有变异，则身价百倍，为生物学者和收藏家们争取的目标。

　　一、个体变异：同一种，但个体大小、色彩、重量、斑纹等有某些程度上的差别。乃因遗传因子的差异和生长时间的营养和生活环境影响所产生。

　　二、不连续变异：同一种，具两种以上不同色彩、形状或斑纹等特性。常见的为黑化和褪色型。

　　三、季节型：成蝶的发生期跨越冷暖两季节，个体上有若干的差异。主要是由环境的变化所引起，因为温度、日照和雨量多寡等因素剧烈变化，影响了遗传因子的表现，使外表出现不同程度的改变（见图44）。

　　四、畸形：羽化时，受内外机械因素影响，翅不能完整地展开。

五、雌雄同体型：同一个体上出现雌雄二性，俗称"阴阳蝶"，大致可分为对称型、斜角型和嵌纹型。其形成的原因至今尚不明了。昆虫学家提出的假说很多，以"二核二精说"最被广泛地接受。于一卵内

图44 双季节型拟蛱蝶。左边略大，翅端尖而呈钩状，翅面无纹为冬型。右翅略小，翅端钝而圆，翅面有六个眼状纹，为夏型。是世界唯一之珍贵标本。

出现两个细胞核，各自携带雌雄的遗传因子，同时又有二精子进入卵内分别和二核受精。二十多年前，并无阴阳蝶的资料。首先由陈维寿先生带至日本发表，震惊了学术界，而所带的标本中，最出名的是"黄裳凤蝶对称型阴阳蝶"（Troides aeacus koguya Nakahera & Esaki），此标本如今仍收藏于台湾成功高中昆虫馆内（见图45）。

图45 黄裳凤蝶

经济价值

台湾地区，北回归线横贯其中央，故属亚热带气候，由于中央山脉，又造成了寒带、温带、亚热带和热带四型

动物与生态

气候，所以该地区具备了各类型气候的蝴蝶，约四百种。加以良好的生栖环境，单位面积种类和产量居世界之冠。每年大约有六千万只蝴蝶送入加工厂制成各种装饰品和手工艺品，可说是目前台湾最具经济价值的动物。它不需我们做大量的资本繁殖，只需我们能够保护其生态环境，对稀有种类加以保护，不要滥捕，就可维持其庞大的族群数目。加上该地区所具有的各型蝴蝶谷，也可作为高品质的观光事业，所以蝴蝶对该地区来说，为最有待开发、研究的项目之一。

结语

在拍摄《蝴蝶谷》电影时，曾用了大量的蝴蝶，有人批评，如此会造成蝴蝶数量的减

图46 （左）大桦斑蝶，（右）大紫斑蝶

少。但根据研究，人类的捕捉，并不是主因，最主要的是山坡地的滥垦滥开，破坏了生态环境，减少了幼虫的食草，甚至使得某些种类绝种，目前绝种的有大桦斑蝶（Danaus plexippus Linné）和大紫斑蝶（Euploea althaea juvia Fruhstorfer），见图46。而如今也有一些种类濒于绝种，这些问题值得我们深思反省。目前台湾蝴蝶的品种数目、生态环境和生活习性，至今有的仍不清楚，都有待我们努力探索。

台湾的蝴蝶

□ 陈维寿

在宝岛台湾每到春光明媚的季节，彩色瑰丽的蝴蝶便到处飞翔。

台湾位于亚热带，而在不算很大的海岛上拥有三千米以上的高山共有五十余座。尽管面积不大，却拥有寒带、温带、热带各种气候的自然环境与甚为复杂的地形。因此在平地，几乎找不到一处未被开垦的荒地。但一到中央山脉，举目所见尽是原始森林，于是四季盛产各种蝴蝶。虽然近二十年来在交通方便的平地与丘陵带已经很难看到蝴蝶艳丽的踪迹了，只有离开城市的深山幽谷，倒是偶尔还能看到仙女般的蝴蝶舞姿。

宝岛共有 396 种蝴蝶，就面积来说，走遍全球恐怕也找不到这么高的比率了。尤其难得全世界最名贵的蝴蝶共有十二种，而台湾地区竟拥有十种之多，尤为难得。而台湾所不能拥有的魔尔得蝶科与猫头鹰蝶科是亚热带区南美的特产。也就是说除了南美，台湾地区的蝴蝶真是丰富极了，其中珍贵名种真是洋洋大观。

凤蝶科

凤蝶有蝶中贵族之誉，体翅很大，斑纹的彩色鲜艳，宛如披在王公贵胄身上华丽的衣饰。凤蝶有三十余种，其中以宽尾蝶最著名。这凤蝶黑底而在后翅中间有白纹，调配得十分匀称高雅。尤其是它那贯穿两条翅脉的宽大尾，更是举世闻名。它们产于中央山脉的深处，极为稀少，至今只有五只的采集记录。现留在岛内的两只都保存在台湾的昆虫博物馆中。

图 47　宽尾凤蝶

图 48　黄裳凤蝶

图49 雄曙凤蝶　　　　　　　　图50 名贵的黄裳凤蝶

台湾产蝴蝶中体型最大，色彩最华丽的是黄裳凤蝶。飞在森林中好似一只小鸟，所以又叫鸟翼蝶。后翅那金黄色的斑纹美得令人不敢逼视。黄裳凤蝶共有两种。其中珠光黄裳凤蝶的种类产在兰屿岛。这两种看来很像，但是珠光黄裳凤蝶的金黄色大纹非常特别，因为它由具有特殊物理构造的鳞片所成。因此，如以逆光观察时，金黄色突然变成带有紫、蓝、绿的珍珠色，并且发射着耀眼的光辉，真是美极了，是全世界蝴蝶中独一无二的特殊色彩。

麝香凤蝶腹部生着艳丽的红色斑纹。雄蝶都有香囊，随时散发一种香味，它就利用这类似麝香的清味来引诱雌蝶。其中以生长在两千米以上的高山地带的曙凤蝶最著名，丘陵或平原地区是不易看到它们的芳踪的。但每届夏季，在横贯公路梨山段，公路两侧那花团锦簇的高山植物丛里成群的曙凤蝶，猬在花朵上采蜜。这不寻常的景色真会使你忘记旅途的疲劳，流连不去。实在是一幅线条生动，色彩亮丽的水彩画。

绿凤蝶种类也很多，它的特征是在黑底翅膀上密布无数的金绿色和金蓝色鳞片，都带有金属光辉，有时，聚集成鲜艳的蓝色大花纹。最普通的是乌鸦凤蝶，其次是深山乌鸦凤蝶。

　　1973 年 5 月，当时就读于台湾成功高中的陈明忠在面天山麓采到几只乌鸦凤蝶，并将其中翅膀稍有破损的个体做成装饰标本，原打算送给表妹。但是他总觉得这只蝴蝶与其他的乌鸦凤蝶不尽相同，就要求笔者替他鉴定，我惊奇地发现那是人类过去从未见过的新种，到目前这种蝴蝶仅仅有两只的采集记录，均由该地昆虫科学博物馆珍藏，并在拙著《台湾区蝴蝶大图鉴》一书中发表。于是这只蝴蝶便被命名为明忠孔雀凤蝶。

　　花凤蝶与明忠孔雀凤蝶可算是蝶中的"一时瑜亮"，前者的体翅较小，类似的品种均分布在降雪的寒冷地带，在台湾地区仅有一只采集记录，据说是在五十多年前在玉山上采得。然而那保存在日本大学的唯一标本与有关的详细记录，在第二次世界大战时被轰炸而化为乌有，至今尚未有第二个人在该地区发现过，因此被称为台湾产的神秘幻蝶。是否确有过这个标本与记录到现在似乎成了谜。

　　黑凤蝶类也是大型，然而它们的幼虫都啃食柑橘类果树的叶子，是果园的害虫，果农视之如蛇蝎，数量多而分布很广。

　　青带凤蝶，在台湾地区有四种，其中以青带凤蝶与青斑凤蝶为最普通。春季它们常常在溪流湿地群集，为数往往多达数千只，颇为壮观，是本地区蝴蝶工艺品的主角之一。

粉蝶科

粉蝶类的体型娇小玲珑，好像是蝶族中的小姐与儿童，多半是有白、黄、粉红以及黑色的花纹，图案简单清秀，姿态美丽可爱。其中最大的是端红蝶，最小的是黑小白蝶。

最常见的纹白蝶，体型纤细，别看它那弱不禁风的样子，却有惊人的繁殖能力，是十字花科蔬菜的著名大害虫，菜农防不胜防的敌人。

最稀少的是全身粉红色的红粉蝶及笔者所发现的成功黄裳粉蝶。

斑蝶科

图 51　绰号叫大傻瓜的黑点大白斑蝶

斑蝶类是无忧无愁的乐天派。它们飞行缓慢，纵或是大敌当前，立刻会有遭受啄食的危险，它还是那逍遥自在满不在乎的样子。它们都是中大型而有很复杂的斑纹，但是色彩却不够艳丽，其中紫斑蝶较特殊，全身乌黑，只要摇动一下翅膀，就会闪烁出强烈的紫色光辉。

大黑点白斑蝶，体躯硕大无朋，和成年人的手掌一般大小，白底黑斑，色彩搭配得极为高雅。除了本省南端，算是稀种，在鹅銮鼻半岛是最普通的一种。它飞行很慢，当地的儿童都叫它为"大傻瓜蝶"，因为纵然它正在飞行中，人们也可以手到擒来，一把将它捉住。

斑蝶类在冬季常有群集数十万只的惊人现象，关于这种奇景，作者在《神秘的蝴蝶谷》一文中介绍。

环纹蝶科

在台湾地区属于环纹蝶科的蝴蝶仅有一种。体型很大，翅膀圆圆的，在黄底上有许多很特别的环纹。它不采花也采蜜，只喜爱在竹林中贴着地面翩翩飞舞，似乎匍匐前进，以吮食竹枝上附着的露珠为生。

图 52　环纹蝶

蛱蝶科

图 53　这是最大最美的紫蛱蝶

蛱蝶种类多，大小、美丑应有尽有。它们的习性也很繁杂，食物的胃口也不一样。有的吃花蜜，有些喜欢吃露水、果汁、树液、尿水、粪便、米酒等，真是酸甜苦辣无奇不有。

其中最大的是大紫蛱蝶。全身满布鲜紫色的大纹，身躯肥胖，翅膀有力，因此飞起来很带劲。它们不访花而专在森林中活动，喜欢栖落在树干上吸树液，它们的行动很像肥雀。

三线蝶与豹纹蝶类又各包括不少种类，由最普通到最稀少的均有。它们的身价相差万倍，然而却不易从它们的色彩和斑纹辨认出来。有些种类即使专家也非要用显微镜，细查其生殖器不可，否则就无法鉴定它。

会喝酒的蛱蝶有木叶蝶，双尾蝶等。假如把浸过米酒的棉花用钩吊在树枝上，就会把它自遥远的地方吸引过来。它们贪得无厌，总是贪喝得醉醺醺的，非但飞不起来，往往会烂醉如泥地倒在地面，任你随手捡拾。

山灰蝶科

小灰蝶也是蝴蝶世界中的珍品。身材娇小，只有半寸左右，最小的像米粒似的。它们虽然很小，但是却有非常细致的花纹。有鲜红、翠绿、绛紫等色彩并有金属的光辉。

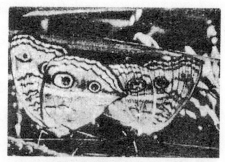

图54　正在交配的灰蝶

看起来真像一颗颗的宝石。其中以笔者所发现的陈绿小灰蝶最为名贵，它身长不到一寸，全身闪着靛蓝色的光辉，很像雾社绿小灰蝶。这个标本于日本发表时，由于学者们见仁见智，遂在分类上引起两派不同主张，并引起一场相当激烈的论战，但迄今还没获致一个被大家接受的定论。

蛇目蝶科

蝴蝶并非每一种都很美丽，暗灰或深褐色的蛇目蝶就是一例。有些还长着毒蛇似的斑纹，令人看了毛骨悚然。这些蝴蝶也很识相，从不访花采蜜。它们活动时间只限于日光照射不到的密林深处。不然就要等夕阳西下时分，才开始鼓起它们那对丑陋的翅膀向黑暗狂歌乱舞起来。

弄蝶科

这一种的蝴蝶也是其貌不扬的。它们的个子虽小，体躯却多痴肥，翅膀呈不雅观的小三角形，满身黑褐色确是蝶中的小丑，在分类上，它们被归入蝴蝶世界中最下等，有不少种类是水稻与农作物的害虫。

小灰蛱蝶与王蝶

在台湾地区只有两种小灰蛱蝶，都产于高山。天狗蝶的下唇须特别长，看来有些像狗脸。

另一种叫紫天狗蝶，它们分布在菲律宾，翅上有极为鲜艳的紫色大纹。照理不应分布在台湾，但是最近曾从南部采到一只，无疑是随气流从菲律宾迷路到台湾地区来的，所以也叫做迷蝶。

以上介绍的仅是台湾地区产蝶类中的一部分而已。假如想要正确鉴定自己所采的到底是哪一种，它们的中文名和学名叫什么？有两种方法可循：第一，是把标本带到"博物馆"，对照模式标本，并加抄标签。另一种方法是靠彩色图鉴。拙著《台湾区蝶类大图鉴》是唯一可供参考的资料，本书将可找到台湾地区产蝶类既知的一切资料。假如有人发现一只蝴蝶在这图鉴内并无记载，将是举世的一大发现，既可自行命名并向全世界发表。而台湾地区的高山峻险之深处必然尚有很多未被发现的新种蝴蝶等待着人类去发掘。

台湾的毒蛇

□林仁混

　　台湾位于亚热带地区，气候温和，爬行类的动物多成群栖生在山谷中或田间，尤其蛇类，几乎经常可见。台湾地区的蛇，据台北美国海军医学研究所罗伯特·E.肯特兹（Robert E. Kuntz）调查就有 37 种之多，其中 12 种是有毒的。较为常见的六种为雨伞节、饭匙倩、锁链蛇、百步蛇、赤尾鲐及龟壳花。

表 5　　　　台湾地区各种毒蛇的名称、身长、尾长、鳞片数及颜色

编号	名　　称	身长（厘米）	尾长（厘米）	鳞片数	颜　色
1	雨伞节(Bungarus multicin-ctus Blyth)	75~140	10~16	15-15-15	黑色带白色斑环
2	饭匙倩(Naianaia Cantor)	96~120	16~20	21-21-15	棕色略带黄色斑点
3	锁链蛇(Vinerarusselli-Shaw)	75~100	9~12	29-27-21*	棕色带黑色大斑点
4	百步蛇(Agkistrodon acutus Guenther)	94~120	12~19	21-21-17	暗线与浅黄三角形互成间隔
5	赤尾鲐(Trimeresurus stein-egeriSchmidt)	50~75	10~15	21-21-15	背部鲜绿,腹部深黄
6	龟壳花(Trimeresurus mu-crosquamatus cantor)	78~128	14~23	29-27-21	浅棕色带深棕色大斑点
7	红环蛇(Calliophis ma-cclell-andiRheinhardt)	42~47	5~6	13-13-13	棕红色有黑环
8	红带蛇(Hemibungarus sa-uteri Steindachner)	45~60	6~7	13-13-13	暗棕色背部一条粗的纵黑带
9	黄嘴黑带海蛇(Laticaurla co- lubrina Schneider)	85~96	8~9	21-25-25*	黄嘴灰身黑色环带
10	蓝带海蛇(Laticauda sem-lfasciata Rheinhardt)	90~128	12~15	23-23-21	黑灰色附蓝色环带
11	普通海蛇(Hydrophis cyan-oci-nctus Daudin)	92~126	9~13	29-35-35	灰黄色附蓝绿色斑环
12	黄腹海蛇(Pelamis platurus Linnaeus)	60~70	6~8	47-52-47*	黄色附蓝色粗纵带

*该鳞片数目不固定,稍有变化。

毒蛇的鉴别

台湾地区的蛇类很多，可依其外表特征加以鉴别，一般说来，幼蛇的鉴别较为困难，因其一些外表特征尚未发展成熟。关于成蛇的鉴别可参考下列几点：

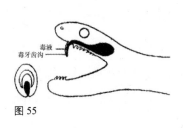

图 55

毒牙（fangs） 毒牙是毒蛇攻击的利器，毒牙有沟，与毒液腺相连。当攻击时，其毒液便由毒牙沟喷射而出。凡毒蛇皆具备此种毒牙，其形状与大小因品种而异。例如链仔蛇的毒牙长而弯曲，而且可以活动；雨伞节与饭匙倩的毒牙则较坚硬而细小；至于一些海蛇的毒牙更加细小而不易看到。这些毒牙在已经用防腐剂固定的蛇标本中不易看出；必要时得用铁针将其口撬开然后检查。

颜色 各种蛇都具有独特的颜色。观察时最好是活蛇，因为有些蛇体经甲醛液固定后，其颜色变化很大。

头部 各种蛇的头部形状差别很大，毒蛇的头部形状通常接近三角形。有些蛇的头部因情绪不同而能改变其形状。如饭匙倩在生气时，头部膨大，状如饭匙。

体态 蛇之头、身、腰、尾四围之比例各有千秋，如龟壳花头大、身细、腰粗、尾长，链仔蛇则头小、身粗、腰粗、尾短，由这些身材四围可资识别各种毒蛇，较选美之尺寸多了一围，更能表现出娉娉婷婷的婀娜之姿。

鳞片（scales） 蛇的皮肤上覆盖着一层坚硬的鳞片，具有保护作用，其数目及形状也是重要的鉴别资料，鳞片之形状多为菱形，可分为三大类：（1）平滑鳞片（smooth scale）如淡水蛇类；（2）部分鳞片突起（partial keel scale）如普通海蛇类是；（3）完全突起鳞片（complete keel scale）如赤尾鲐类是。鳞片数目的测法是从左边的腹鳞开始往右沿着斜对线数至右边的腹鳞。在科学鉴别上通常都给予三个数值，例如雨伞节为 15 — 15 — 15。第一个数值表示蛇前部的鳞片数；从头部至肛门的中间点算起。第三个数值是表示尾部的鳞片数。

尾部 蛇类的尾部特征颇为明显，如草花蛇（Zatrix piscator，无毒）的尾部细长，雨伞节（毒蛇）的尾部浑圆，普通海蛇的尾部则多呈扁平形。

台湾地区毒蛇的分布与习性

台湾地区毒蛇很多，但以陆上的毒蛇较为常见，表现更为出色。

图56 这是雨伞节蛇攻击一条小蛇的情形。

雨伞节（Bungarus multicinctus Blyth）又名节蛇。这种蛇分布在台湾岛、海南岛、祖国大陆东南各省及东南亚各地。它是卵生，喜欢居住于矮木、竹林及草丛里，常择近水之处，经常在晚间行动，尤其在多雨的夜晚。稻田及灌溉的水池中也有它的踪迹。虽然有人在台北市区捉到过，雨伞节是不太喜欢"进城凑热闹"的。大多数的雨伞节并不主动攻击人类；但是如果过分戏弄，一旦激怒了它也是相当凶狠的，可能作快速的攻击。

雨伞节可产生神经蛇毒。它咬人记录在台湾毒蛇中占第三位，使人致死的记录居第二位。据统计，人被咬后的死亡率为18%。

饭匙倩（Naia naia Cantor）又名眼镜蛇。它喜欢栖息在低洼的地方。台湾地区中西部及南部较多，阳明山、北投及台北近郊也曾捕获过，祖国大陆东南各省也有。这种蛇为卵生，其居处与人类很接近，如农村近郊之草灌木丛中或农田里常有它的芳踪。它被人惊动时会气冲冲地作出一副作势欲噬状，将其上身仰起，蛇头昂扬贲张，状似饭匙，样子十分怕人。它含有很强的神经蛇毒，因此相当危险。饭匙倩咬人的记录占第四位，咬死人的记录为第三位。

饭匙倩的用途很广，它的皮可作鞋、皮带及精装书册封面。其肉可作药汤，或干燥作成药粉。饭匙倩的胆可和酒生吞，据说有益视力。

锁链蛇（Vipera russelli Shaw）又名七步红。锁链蛇多分布在该地南部及东边的中央山脉；喜马拉雅山西边山麓及广东。这种蛇是胎生，喜欢居于山麓边之灌木丛中。很易受惊动而神经过敏，凶相毕露。它常卷伏成链状，上身轻微摇动作出击的准备。但是对于较远的移动目标并不随便出"手"，待机而动。等到目标移至易效距离内，才猝然施袭，务必中的。据猎蛇者透露锁链蛇的攻击完全是偷袭，行动诡秘，令人防不胜防。

图 57　锁链蛇行动诡秘而迅速，善于偷袭，令人防不胜防。

锁链蛇分泌的蛇毒包括溶血毒及神经毒两大部分。但没有其咬人的记录缺乏统计。据印度方面的报告指出，被咬的人死亡率相当的高。

百步蛇（Agkistrodon acutus Guenther）又名五步蛇。它们分在台湾的中南部及花莲地区；祖国大陆东南各省及越南。百步蛇也是卵生，常栖息于山上森林地带，尤其是山坡的石隙中。在攻击之前它常作卷缩状，当目的物移至近前，才猛然出击。在台湾毒蛇中，它是较危险的一种，因为它的体大毒牙长，一次可输出大量的蛇毒。百步蛇的毒液是一种出血毒，可影响到血管及循环系统。据统计百步蛇咬人的记录为第五位，可是咬死人的记录高居首位。

赤尾鲐（Trimeresurus steinegeri Schmidt）又名竹仔蛇或赤尾青竹丝。赤尾鲐之外表颜色与青竹丝（Liopeltis major，无毒）很相似，但其头部为三角形，尾部呈红色为最大差别。赤尾鲐为胎生，分布于台湾各地。在阿里山也曾被捕获过，但一般都栖息在较低山麓的灌木丛中。常在绿色植物及竹丛间活动，这些都具有天然的保护色，颇不易被人发现。

在竹林及橘子树上赤尾鲐可爬高数尺，将其尾部卷住树干而将其整个身体倒挂下来，有时漫游稻田，有时出没在深洞的草丛中，遇到活动目标它往往会作凶性的攻击，在攻击之前，它会摇动尾巴以示警。

赤尾鲐可分泌出血蛇毒，虽然这种蛇被认为是一种毒蛇，可是一般农夫并不太怕。在咬人的记录上它占第一位，但被咬伤者的死亡率大约只有 1%。

龟壳花（Trimeresurus mucrosquamatus cantor）龟壳花分布在台湾全省各地及大陆东南各省，喜欢栖息于低洼有草木的地区。曾有人发现台中附近有一山洞住满了龟壳花。每年炎热时期，它便找荫凉的山洞居住些日子。用及我们人类的住宅区也是龟壳花向往的地方，大概它们的兴趣仅在寻找较为荫凉之处，而不是真正喜欢与人类为伍，就这一点倾向来看，龟壳花对人类是相当危险的。

台北市内曾有捕获龟壳花的新闻，甚至有些还是从西式建筑里发现的。在天母、北投、阳明山一带的住宅区也间有此君的出没。它在晚间活动较为频繁。性情差别很大，有的凶狠，有的却很懒惰，一般的情形是，当它的老巢受扰乱时就可能会发动攻击。龟壳花分泌一种出血蛇毒并且有一副发育齐全的毒牙，咬人的记录占台湾毒蛇中的第二位。其死亡率为 7.3%。

台湾地区毒蛇的经济价值

蛇皮与手工艺品　蛇皮可制造很多美观的鞋子、手提包、腰带、拐杖，甚至可制作领带。过去几年，外来的观光客对这些制品的兴趣日见增高。有些蛇皮是经过加工染色后才制造种种的工艺品，益增其美观。锦蛇（Elaphe taeniurus）及东洋鼠蛇（Ptyas mucosus）皮可作手提包，百步蛇及雨伞节皮可作腰带及拐杖。

据统计台湾每年运往香港的活蛇为 10000 ~ 15000 五千条，本地各蛇店之消耗也不少于此数，可是本省的"蛇源"似乎仍然不虑缺乏。

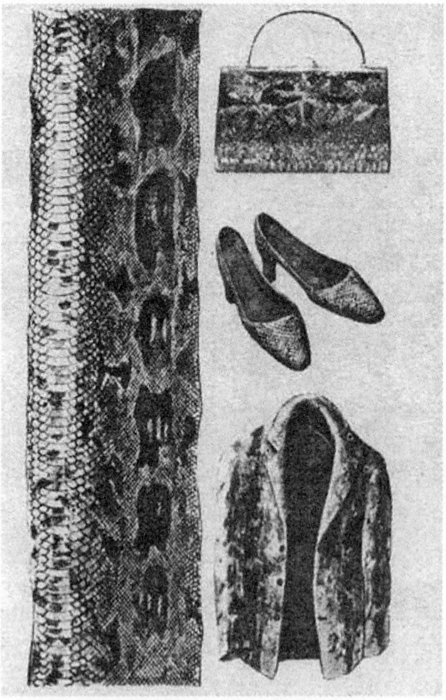

图 58　左为整张蛇皮，右为蛇皮制品。

蛇肉可作强壮剂据说蛇肉煮酒食之，具有御寒、强身、祛病之效。而毒蛇的效果尤佳，有些蛇店常备此种蛇汤出售，每至冬季，家家门庭若市，生意十分兴隆，蛇肉焙干后可磨成粉末或作成蛇丸以作药用。

蛇胆　服用新鲜的蛇胆和米酒，有益眼睛。

据说越毒的蛇其胆的药效越好，价格也越贵。据业者宣传蛇胆如生服可以强身、强精、强筋、强肝等作用，不过其真正的价值，尚待进一步的研究、证实。

蛇毒　蛇毒是具有很复杂的药理作用的一些蛋白，约含20多种占干重的90%至95%的酶类和毒素。此外，还有一些小分子肽，氨基酸，碳水化合物、脂类、核人苷，生物胺类及金属离子。蛇毒成分复杂，不同的蛇毒有不同的毒性与药理作。根据专家研究，蛇毒具有治癌、抗凝、止血与镇痛等作用。

毒蛇的生前与死后

毫无疑问的，活生生的毒蛇被视为人类的大敌，两者狭路相逢，不是我置你于死地，就是你恶狠狠地咬我一口，似乎是势不两立的。但当毒蛇死后又好像变为人类的益友。当然人类对待这类朋友似乎有一点不可思议，真所谓"食其肉，寝其皮"了。

图59　所有的海蛇均有毒，这里所介绍的四种是（自上而下）黄嘴蓝带海蛇、蓝带海蛇、普通海蛇和黄腹海蛇。

扁泥虫概述

□李奇峰　杨平世

扁泥虫简介

　　扁泥虫的分类地位为鞘翅目（Coleoptera），泥虫总科（Dryopoidea）的扁泥虫科（Psephenidae）；在泥虫总科里，又以泥虫科（Dryopidae）、长脚泥虫科（Elmidae）及扁泥虫科的形态及其行为较为接近，都能栖息于湍急的溪流，因此统称为溪流性甲虫（riffle beetles），用以区别其他如龙虱（dytiscids）、豉甲（gyrinids）及牙虫（hydrophilids）等水栖甲虫。两类最大的不同在于溪流性甲虫并不会游泳，移动时必须攀附于介质，如石头、枯枝等；其次，它们不必回到水面换气呼吸，其幼虫时期是以气管鳃为呼吸器官，成虫虽然只有一部分的泥虫与长脚泥虫会回到水底栖息，一旦进入水里，从此就不会再回陆地去了。它们的呼吸作用为背板（甲）呼吸（plastron respiration），是靠背板长有一层细致而浓密的毛或刺，一进入水中后，便会在其表面形成一层空气膜，可供分布在其中的气孔作为呼吸之用。事实上，龙虱及牙虫也是都为背板呼吸，只不过由于分布于背板的毛不够浓密、细致，当进行呼吸时会将空气膜里的氧气逐渐消耗掉，而释出的二氧化碳则易被水所吸收，剩下的氮气亦会随着时间而逐渐被水所吸收，因此每隔一段时间，它们便必须游回水面补充新鲜的空气。此类又可称为暂时性物理鳃，而泥虫、长脚泥虫背板上毛或刺的复杂结构，可使空气膜维持不变。当氧气的浓度变低时，便从外界的水渗透过来，因此不必为换气而爬到水面，这又被称为永久性物理鳃。

虽然扁泥虫早在一百多年以前便有记载，但是分类系统却一直有相当分歧，主要是因为早期的研究者未能将幼虫与成虫衔接好所致。直到希顿（Hinton, 1955）根据幼虫期呼吸系统的特征将其分成四个亚科：扁泥虫亚科（Psepheninae）、四鳃扁泥虫亚科（Eubrianacinae）、软鞘扁泥虫亚科（Psephenoidinae）及锯胸扁泥虫亚科（Eubriinae），才算是有了一个完整及可靠的分类系统。其后虽然有一些作者有不同的见解，如阿内特（Arnett,1963）将扁尼虫西科放在花蚤科（Dascillidae）；

而柏特朗（Bertrand, 1972）则将扁尼虫西科和软鞘扁泥虫西科独立成科，四鳃扁尼虫西科则为花蚤科下的一个亚科；本文仍将依循希顿的分类系统来加以介绍。

扁泥虫亚科

此亚科幼虫为典型的水钱（water penny）模式，扁圆形，侧缘紧密相接，气孔出现在后胸及第八腹节的背板上，气管鳃着生于腹部两侧，不同的属鳃数也随之不同，如遍布于美国的扁泥虫有五对鳃，从腹部第二节至第六节，而在东方区的六腮扁泥虫属为六对鳃，从腹部第一节至第六节，因此中文俗名称作六鳃扁泥虫属。此属大多栖息于中大型而干净的溪流，算是一种常见的昆虫。

每年夏天来临时，便是它们化蛹的时刻（见图60）。此时会爬出水面，寻找合适的处所如岸边的石头、枯枝下方来化蛹。化蛹时会将整个背板拱起，而在里面化蛹。整个蛹期将会以幼虫时期的背板当做掩护，且兼有保护的作用。蛹期有功能性的气孔（functional spiracles，即能行呼吸作用）只有五对，分别在腹部的前三节及第六与第七节，而在第四与第五节的气孔很明显是非

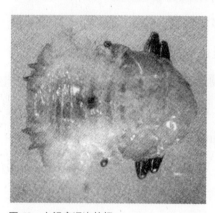

图60 六鳃扁泥虫的蛹

功能性的（non-funcational）；其中第六与第七节的气孔特别延展及扩大，这在选汰上的优势并非在于能否行背板呼吸，而是当蛹被一层薄薄的水盖住时，仍然能利用到大气中的氧气，而不会被淹死。毕竟它们化蛹的地方仍非常靠近水边，因此这种情形应该会经常遭遇到。

图61　江崎扁泥虫

至于成虫对于其习性及求偶行为都不清楚，因为其种类太少了，已知的只有六种：中国（大陆一种，台湾两种）三种、韩国一种、日本两种。江崎扁泥虫（*Mataeopsephus esakii*）（Nakane；见图61）只产于北部乌来一带，全身黑褐色，体长较短（4~5mm）；另外一种为台湾六鳃扁泥虫（*Mataeopsephus taiwanicus* Lee et al，图62），为最近所发表的种类，它遍布于全省，且有强烈的趋光性，夜间采集往往能采到上百只，全身暗褐色，体长 7~9mm，是已知种类中最大型的。

四鳃扁泥虫亚科

此亚科的幼虫形态与扁泥虫亚科相当类似，气孔一样出现在后胸及第八腹节的背板上，也有气管

图62　台湾六鳃扁泥虫幼虫

鳃着生于腹部两侧，不过所有的种类都只有四对鳃（从腹部第一节至第四节），中文名称因此而得之。

像前者一样，化蛹时也会背板整个举起，而在里面化蛹（见图63）。不同的是，幼虫时期背板最末三节被丢弃，而由蛹腹部最末三节拟态而取代

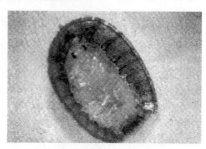

图63　乌来四鳃扁泥虫的蛹

之，此三节背板强烈地几丁质①化，其他的体节则是相当柔软，只是轻微地几丁质化。由背面观之，整个背板看起来仍然相当完整。它的呼吸系统是相当独特的，除了第七腹节上的气孔有功能外，其余所有的气孔都是非功能性的，可称作是后气孔呼吸系统（metapneustic respiratory system）。就整个昆虫纲而言，蛹期为后气孔呼吸系统，也就只有此亚科了。

到目前为止，此亚科只有两属被记载：四鳃扁泥虫属（Eubrianax）及微四鳃扁泥虫属（Microeubrianax），后者经过我们检查存放在巴黎自然史博物馆的模式标本，很明显应该是属于软鞘扁泥虫亚科的，因此本亚科只剩下一个属——

① 几丁质是壳多糖（Chitin）的别名，是广泛存在于自然界的一种含氮多糖类生物性高分子，主要的来源为虾、蟹、昆虫等甲壳类动物的外壳与软体动物的器官以及真菌类的细胞壁等。

动物与生态

四鳃扁泥虫属（见图64）。根据雅克（Jüch，1984）的统计，全世界有三十八种的记录。近年则由作者发现了五种新种：乌来四鳃扁泥虫（Eubrianax wulaiensis，见图65）、黑色四鳃扁泥虫（E.niger）、太鲁阁四鳃扁泥虫（E.torokoensis）、橙色四鳃扁泥虫（E.flavus）及阿里山四鳃扁泥虫（E.alishanensis）。由于它们能栖息于各式各样的流水域，容易造成生态上的多样性，再加上生活史是一年一世代（univoltine），且世代不重叠，而成虫期又很短，这意味着一旦它的蛹期、成虫期稍微提前或延后一点点，便很容易产生生殖隔离。其他一些特性如成虫扩散能力弱及求偶行为的特化种种因素，孕育出台湾的种类繁多，虽然表面只有五种已知种，但仍还有许多未描述的种类等待发现。

锯胸扁泥虫亚科

 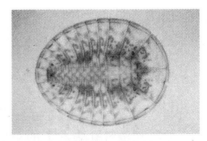

图64 四鳃扁泥虫（Eubrianaxsp.）雄虫　图65 乌来四鳃扁泥虫幼虫

此亚科幼虫形状与典型的"水钱"大不相同。一般而言为长椭圆形，腹部各体节侧叶明显分离，呼吸系统是属于后气孔式的，气孔只出现在第八腹节（最末第二节）的侧叶上。气管鳃着生于尾部，称之为尾鳃（anal tracheal gills），是可以自由伸缩的。当尾鳃收缩时，会缩入由第九节腹节所特化形成的泄殖腔内（cloaea）。另外有一个构造是此亚科独特拥有的，便是在第九节腹节背板气孔的相对位置会长出一束明亮的刺毛，称之为气孔刷（spiracular brush）。柏特朗观察了欧洲的种类 Eubria palustris 为气孔刷会负载一个气泡，以供气孔呼吸之用，不过希顿并不同意他的看法：第一，气泡的体积及表面积太小，对于呼吸来讲没有多少正面意义，更何况它还有尾鳃。第二，气孔刷的毛是完全湿的（他也有观察活的 Eubria palustris），应该是没有负载气泡的功用；假使它真的需要利用气泡，则必须经常回到水面重新换气，然而它并没有办法这样做，毕竟它是不会游泳的。因此希顿认为它应该会有另外一个功用：当幼虫栖息在水里时，气孔对于呼吸而言是没有任何贡献的。一旦当它爬出水面，气孔便成了主要的呼吸工具。而气孔刷则负责气孔的清洁，一方面可防止尘埃等异物进入气孔内，另一方面只要尾节（第九腹节）稍微向左右动一动，便可清洁气孔表面上的灰尘了。

与前面两个亚科一样，幼虫必须要爬出水面才能化蛹，不过化蛹时幼虫时期的背板会被丢弃，而裸露出整个蛹来。而有功能的气孔则位于第二至第七腹节的背板上，第一腹节的气孔是非功能性的。由于它们化蛹的地方相当接近水边，常常会因为下雨而被溪水所淹没，因此气孔已演化出一些适应性的构造：大部分的种类在气孔的位置衍生出一圆柱形的管子，而气孔便位于这些突起的顶端。可想而知，若管子越长，则能潜入水中越深，这是一个选汰上的优势。但是从另外一方面来想，管子越长，将来所要丢弃的物质会越多，因为这些气孔突（spiracular tubercles）是不可回收的，对于要羽化的成虫是没有益处的，为选汰上的劣势，因此两者会趋向平衡。在已知种类中，则是以扇角扁泥虫属（Schinostethus，图66、图67、图68）最长，最长的气孔突可与身高一样高。

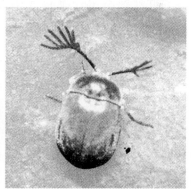

图66　乌来扇角扁泥虫　　　　图67　乌来扇角扁泥虫雄虫

此亚科是已知的属最多，也是演化分歧最大的，不同的

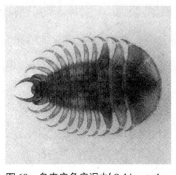

图68　乌来扇角扁泥虫（Schinostethus satoiLee etal.）幼虫

属趋好于不同的生态环境，也因此各自分化出独特的构造。例如点刻扁泥虫属（Homoeogenus）偏好于静水的环境，幼虫摄食水底的枯叶；扇角扁泥虫属偏好于瀑布，幼虫（见图68）摄食岩壁上植物的碎屑。锯扁泥虫属（Ectopria）偏好青苔生长旺盛的急流，幼虫摄食石头上的青苔。条背扁泥虫属（Macroeubria）偏好水流缓慢的溪流，幼虫摄食水中的枯木。因此研究各属间的系族关系（phylogenetic relation），将是一门有趣的课题。

软鞘扁泥虫亚科

此亚科幼虫并没有气孔的存在，是属于无气孔式的（apneustic），可想而知，它们是无法离开水中太久的。与锯胸扁泥虫亚科一样，气管鳃是属于尾鳃。不同的是，收容尾鳃的腔室是由第八与第九腹节所共同形成的。

此亚科是唯一能够在水中化蛹的（图69），化蛹时与锯胸扁泥虫亚科一样，会蜕去幼

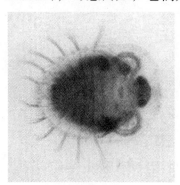

图69　软鞘扁泥虫的蛹

虫时的背板，而有功能的气
孔也是在腹部第二节至第七
节，不过为了适应水中的环
境，气孔会衍生出一束细长
的气孔鳃（spiracular gills）
来吸收水中的氧，此构造在
鞘翅目中是相当独特的（见
图 70）。

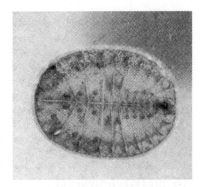

图 70 软鞘扁泥虫（Psephenoides sp.）幼
虫

当成虫羽化后（图 71），大多栖息于溪边植物的叶背，
求偶、交尾也在此时发生。虽然它能栖息大小不同的溪流，
但是由于生活史很短，世代重
叠，因此并不利于种化（speci-
ation）. 成虫的发生盛期在夏秋
两季。关于此亚科的分类已由
台湾大学植病系研究生郑明伦，
当做硕士论文写成，将原有记
录的一属七种，增加至三属十
九种。

图 71 软鞘扁泥虫雄虫

有趣的无肠贝

□陈丽贞

没有肠子的贝类 Solemya（见图 72 A），在分类学上是属于双壳纲（Bivalvia）、原鳃目（protobranchia，亦有人说隐齿亚纲，cryptodonta）、芒蛤目（Solemyoida）、芒蛤上科（Solemyacea）、芒蛤科（Solemyidae）的底栖性生物，本属贝类消化道大多退化，有些种类的肠道甚至已完全消失，并且无消化腺体的结构，但鳃上有许多属于胞内共生的共生菌存在。在此我们称呼它为"无肠贝属"。

这些贝类分布在温带及热带海域，浅自潮间带，深至2000米的深海皆有其踪迹。由于无肠贝具有游泳能力，因

A.

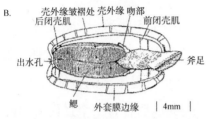

B.

壳外缘皱褶处 壳外缘 吻部
后闭壳肌　　　　　　前闭壳肌

出水孔　　　　　　　　　　　　　　斧足

鳃　　外套膜边缘　│ 4mm │

图 72 A. 为无肠贝的外形，因表壳上有许多
　如光芒般的淡色条纹，故又名"芒蛤"，壳
　外缘如膜状的部位则是壳未钙化的地方。B.
　为无肠贝的内部构造。

此，自 1900 年来便引起贝类学家的注意，尤其是其中的无肠贝 *S.reidi*，不但无口无肠，且栖息于浅海硫化氢浓度很高的区域，更引起多数人的兴趣，想探讨这种贝类如何适应此种特殊环境。本文将对此无肠贝类的研究成果作一介绍：包括栖所特征及无肠贝在适应该特殊环境下，它的外部形态、游泳行为、内部结构及胚胎发育等特色。

无肠贝的外形

　　无肠贝栖息在水深 40 ～ 200 米之间，污水放流口或纸浆厂废水排放口附近等硫化氢浓度相当高的地区。曾有报道说它们的居处附近所测得的硫化氢离子（HS-）浓度高达 0.022mol／L。一般而言，硫化氢浓度约在 0.001mol／L 就可将贝类杀死。因为，在行有氧呼吸的生物体内，有一种负责电子传递的蛋白质叫"细胞色素 c"（cytochrome c），此种蛋白质的活性会受到硫化氢离子的抑制，所以除非有特殊的适应方式，否则生物难以在硫化氢离子浓度高的地区存活。在这些高硫化氢浓度地区内，除了少数双壳纲贝如 Thyasira 及白樱蛤属（Macoma 属）的个体外，其他的生物极为少见，而无肠贝在这些地区的密度每平方米至少在十六只以上，是这些地区的优势生物种。

无肠贝的体形不大，通常都小于 5 厘米，壳非常薄且平滑，呈长椭圆形，前后端较细长，上有许多辐射状纹路，壳的外缘未完全钙化而呈现膜状皱折，是本属的特征。此外，本属无绞齿，韧带在壳外，在壳的前后各有一个强而有力的闭壳肌（见图 72 B）。外套膜腔的开口在前端，斧足就由此伸出体外，其上有许多乳状突起，出水孔位于体后方但无入水孔，斧足后接着一对较一般贝类大得多的鳃，如口还存在，则位于鳃及腹足的交接处。鳃是由许多盾板状的鳃叶所组成，每个鳃叶之间则以几丁质骨骼连接起来，鳃中间则包着上鳃腺，另外，斧足上亦有足腺，这两个腺体都和分泌黏液有关，且皆较其他一般螺贝类同功能的腺体大得多。

由于无肠贝可快速游泳，因此它的游泳机制引起许多贝类学家的注意。据观察，无肠贝能利用外套膜在前端的开口将水包入外套膜腔内，前后闭壳肌快速地收缩，将水迅速地由位于体后方的出水孔挤出，借由此种反射力量使它能快速前进，且每隔 1~2 秒钟即可再重复此动作，可连续达 1.5 分钟。在游泳时斧足所扮演的角色，可能和方向的控制有关。它的游泳能力乃是对环境适应的结果。因为无肠贝所处的环境是污水放流口或纸浆废水放流口附近，据观察这些地方的悬浮粒子及碎屑皆相当多，所以无肠贝若不能快速游泳，就极容易被掩埋。

消化腺仅是无功能的退化器官

无肠贝是一种雌雄同体，体外受精的贝类，在生殖季节时将精卵排于水中而达到受精目的，至于是否有自体受精的现象则不得而知。体内除了油脂腺、肾管、血管、生殖腺、上鳃腺及足腺外，就没有发现其他的管状结构，也未发现它有消化腺的输送管。

本属贝类消化管大多退化，只剩口及食道，而无肠贝成体不但无口亦无食道。古斯塔夫森（Gustafson）及雷德（Reid）以光学显微镜及电子显微镜研究胚胎发育过程，发现无肠贝的周边液泡幼体（pericalymma larva）发育到第三天，就已出现肠道，第五天时即可明显地看到口、食道、胃、直肠及肛门，但食道和胃的内腔并没有相通，而胃和直肠的内腔亦不相连，在七天后，已变态的幼体的胃即消失。因变态时，位于胚胎最外层的甲壳细胞（testcell）①会经口及食道进入胚胎内部并逐渐瓦解，故推测除食道还有功能外，其他的消化腺如胃、直肠及肛门等，在无肠贝的发育过程中，

---

① 在隐齿亚纲及古列齿亚纲（Palaeotaxodonta）的胚胎发育初期，为非摄食阶段，其胚胎最外层细胞叫做"甲壳细胞"。这些细胞内通常都有大液泡而外围则有许多纤毛，此时期的幼体叫"甲壳细胞幼体"或叫"周边液泡幼体"。

仅是一些无功能的退化器官。

前面提到无肠贝的鳃细胞内有细菌共生,然而无肠贝鳃细胞内的共生菌是在何时并如何进入鳃细胞呢?有人推测这些细菌可能是以一种未知的形式,存在于亲代的卵中再传给子代。据古斯塔夫森及雷德(1988b)的研究显示,在亲代的卵及精子中均未发现细菌的存在,而在发育到第三天的胚胎中,几乎每个甲壳细胞都出现许多的"均质颗粒"(granular vesicles)。到第四天时,这些均质颗粒中就有液泡及数个细菌状的颗粒产生。第五天变态时,在胚胎甲壳细胞和体内组织间的空腔中,便发现有细菌,且这些细菌和亲代鳃细胞内的共生菌一样,皆为革蓝阴性菌。变态后甲壳细胞经口进入胚胎内部并逐渐瓦解,所以类似的细菌便散布在体内。但此时鳃细胞内尚无此种细菌,据推测,细菌在无肠贝的幼体中须再经历一个转换的阶段,才能由甲壳细胞进到鳃细胞内。然而,真相如何则有待进一步研究。

由于无肠贝成体无口,亦无食道,因此,关于它如何吸收营养以维持生存又是另一个有趣的问题。

无肠贝如何吸收营养?

由于无肠贝 *S.reidi* 不具有口与消化肠道,又生活在高硫化氢污染的区域,因此,有关无肠贝如何摄取营养以维生,亦受到相当广泛注意。一般对它的营养来源之说法有四种:

一、经由鳃吸收溶于水中的游离有机分子。因为无肠贝栖息在污水放流口等有机分子浓度相当高的地区，且鳃非常大，鳃内并有许多血窦分布，鳃丝上有许多纤毛，故推测这些有机分子经水流带至外套膜腔并附着在鳃上，再由细胞吸收，其中不需要的杂质则经由纤毛运动快速排除。

二、在外套膜腔内行胞外消化，消化后的营养分子再经由外套膜或腹足表皮细胞吸收。因为在足腺及鳃丝末端上测得有和能量代谢有关的消化酶存在，故推测它可能行胞外消化，再经由主动运输将这些营养物运送入体内。

三、以栖所附近的细菌为食物。由于这些栖所有高浓度的有机质，因此有许多分解有机质的细菌存在，无肠贝即以这些细菌为营养来源。

四、与细菌共生获得能量：鳃细胞内的共生菌氧化环境中的硫化氢，利用其所产生的能量将碳固定或将氮还原，提供无肠贝所需的营养物质。

由于前三种说法缺乏进一步实验的证明，且多数研究均显示无肠贝的营养来源和其体内共生菌有密切关系，故以下即针对此点做一概述。

据研究，无肠贝和细菌共生获得能量的形式和瓦诺（Cavanaugh）等人（1981）所述一种居住在深海热泉（hydrothermal vent）的巨型管虫（*Riftia pachyptila*）非常相似。所谓深海热泉乃指深海（3000 米左右）中地层不稳定处，在这些地方不时地会冒出热水、热气或一些硫化物。已往人们都认为在深海没有大生物族群的存在，但 1977 年在靠近加拉巴戈斯群岛附近的深海热泉，却捞到大量的生物，这些生物包括巨型管虫、甲壳类、双壳纲等，体型较一般常见的同类生物庞大，其中以巨型管虫的数量最多。

这种固着性巨型管虫体长大多在一米以上，但无口及消化道。1981 年瓦诺等人研究显示，大管虫的体腔中有许多颗粒状物称之为"营养体"。据研究每一克重的营养体约含有十亿个细菌，而在大管虫血液中则有一种可和硫化氢键结的蛋白质，此种蛋白质能将环境中的硫化氢运送到体内的营养虫，让共生的细菌利用。如此生物体不但免于受到硫化氢的毒害，还能供给细菌硫化氢，让细菌氧化硫化氢成无毒的硫酸根，并产生能量制造有机碳及氮化合物，供大管虫利用。

粒线体有令人讶异的作用

因为无肠贝和巨型管虫有许多相似处（见表 6），故有人推测它们的营养方式可能是一样的。费尔贝克（Felbeck, 1983）研究显示，无肠贝有加速硫化氢氧化成硫酸根的能力。在这研究中亦证明了无肠贝的鳃有固碳能力，初期（4~16 秒）这些被固定的碳大多以苹果酸及天门冬酸这两种形式存在最多，而在二至二十四小时之培养后发现，天门冬酸的比例一直偏高，但苹果酸则迅速下降，而谷氨酸这种氨基酸和琥珀酸（succinate）等碳氢化合物则逐渐增加，故推测天门冬酸可能为中间代谢产物。然而，这些实验仍不能说明硫化氢氧化及碳固定，究竟是在共生菌或鳃细胞内进行。因此，费希尔（Fisher）和奇尔德富斯（Childress, 1986）再进一步以特别的实验方法，证明了固碳作用是由鳃细胞内共生菌所执行，且这些被固定的碳随后便由鳃送至无肠贝的斧足及生殖腺等处，为无肠贝利用。

表6　　　　　　　　无肠贝和大管虫的特征及生活环境的异同

相同点
　　1.栖息环境附近都有特别的能量来源，一为污水放流口，另一则为深海热泉，且当地硫化氢的浓度很高；2.为当地优势种；3.体内都有共生菌共生；4.无口及消化道。

相异点	无肠贝	巨型管虫
1.栖所深度	40~100 米	2500~3000 米
2.体长	＜5 厘米	＞1 米
3.成体的游泳能力	强	无
4.细菌共生的位置	鳃细胞内	体腔内的营养体

　　鲍威尔（Powell）和索梅洛（Somero, 1985）的实验更进一步发现，无肠贝不仅鳃细胞有氧化硫化氢的能力，连不具共生菌的斧足表皮细胞亦具有氧化硫化氢的能力。实验的结果显示，初步硫化氢的代谢并不是在共生菌内进行，而是在无肠贝细胞内称之为"硫氧化体"（sulfideoxidizing bodies）的小颗粒中进行。硫氧化体可用离心法从细胞分离出来。后来的研究发现，此硫氧化体就是"粒线体"。这是个相当令人惊讶的结果，因为，这是首次在细菌及藻类外，发现生物体能直接利用硫化氢这种无机物产生能量。

　　自然界中，硫至少以硫化氢、硫、硫代硫酸根（$S_2O_3^{-2}$）、亚硫酸根（SO_3^{-2}）、硫酸根（SO_4^{-2}）等化合物状态存在。其中硫所带的电价数分别为：－2、0、＋2、＋4、＋6，到底无肠贝能将硫化氢氧化到何种程度呢？据奥白宁（O'ien）和维特尔（Vetter, 1990）及安德逊（Anderson）等人（1987）的研究发现，无肠贝的粒线体仅可将硫化氢氧化至硫代硫酸根，然而无肠贝排出的废物却是完全氧化的硫酸根状态，因此推测共生菌在硫的代谢过程中仍扮演重要的角色，就是将硫代硫酸根继续氧化成硫酸根。综上所述，无肠贝

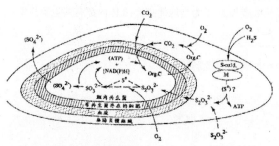

图73　无肠贝营养机制的模型。其中 Org. C 为有机碳（包括苹果酸、天门冬酸、谷氨酸、琥珀酸等碳氢化合物）；S-oxid. 为硫化体；M 为粒线体。

的营养摄取机制可以图73表示。

氧化硫化氢是为了解毒

　　此外，由于奥白宁和维特尔（1990）发现，无肠贝的粒线体消耗一克的硫化氢仅能产生少量的能量，故推测无肠贝的鳃及斧足表皮细胞氧化硫化氢主要的目的，并不是要产生能量，而是要将硫化氢转变成无毒的硫代硫酸根，所以当缺氧时，无肠贝的血液中就有硫代硫酸根累积，它采取的策略乃是将硫化氢尽快地氧化成无毒的硫代硫酸根，未再进一步

消耗氧气产生能量，将硫代硫酸根运送给共生菌利用，而共生菌氧化硫化物也是一种耗氧的工作。故无肠贝氧化硫化氢成硫代硫酸根，可能不是为了产生些微的能量，而是为了解毒作用。

由以上叙述，我们亦可了解无肠贝的营养摄取方式和巨型管虫完全仰赖共生菌是不同的。其不同处分别在于：（一）无肠贝鳃及斧足表皮细胞内的粒线体能氧化硫化氢而巨型管虫不能；（二）无肠贝的共生菌主要以氧化硫代硫酸根为主，但大管虫体内的共生菌能够氧化硫化氢；（三）对硫化氢的抗毒机制不同，无肠贝利用鳃及斧足表皮细胞内的粒线体氧化硫化氢，而大管虫则以一种蛋白质和硫化氢键结以去毒。

无肠贝之异于其他双壳纲，除了它具有游泳能力且无口、无肠、无消化腺外，在鳃及斧足表面细胞内的粒线体有氧化硫化氢的能力，而鳃细胞内的共生细菌又能将硫代硫酸根氧化成硫酸根，产生能量固定碳，并提供给无肠贝利用。这些能力极可能都是为了适应它所栖息的环境所演化出来的。因工厂排放废水所造成的高硫化氢污染区，乃是近代的产物，在此之前这些无肠贝究竟居住在什么地方，如何开始在这种污染区栖息以及当这些污染区消失时无肠贝是否会灭绝等，都还是一个未知的谜。

台湾的蚯蚓

□ 施习德　张学文

就栖息在土壤中的动物而言，无论是由农业或是陆栖生态的角度来看，蚯蚓都是土壤中最重要的生物之一。蚯蚓同时也是野生动物的食物。因此，研究蚯蚓是了解野生动物行为与生态的重要方法之一。

蚯蚓与人类的关系除了供做钓饵外，也用于食品和药物。近年来，蚯蚓的养殖业十分发达，蚯蚓含有多种氨基酸及丰富的粗蛋白质，在欧美日等国，常用于烘焙饼干、面包，并当作肉类的代用品，也有以蚯蚓肉和牛肉混合制成的汉堡包，以及蚯蚓粉末制成的健康食品。在我国蚯蚓多半是当做中药材使用，又称作"地龙"。根据记载地龙对小儿惊风、中风半身不遂、水肿及哮喘等症状具有疗效，目前已成功提取"蚓激"入药。

蚯蚓的生殖生理

　　一般蚯蚓具有以下主要特征：两侧对称、外部分节（内部有相对应的分节），除了前两节外，每一体节都有刚毛、身体外层有环肌、内层有纵肌。消化管基本上是一条由前向后的纵向管子，排泄作用依赖肛门或是特别的器官（肾管）。呼吸主要是经由皮肤进行。

　　一般蚯蚓的生殖方式是：当个体成熟时，会将卵产于卵茧（cocoon，在胀大的环带内形成）当中，再将卵茧推送至前节。孵出的年幼个体直接在卵内发育，与成体形态相似，并不经过幼体期（larval stage）。然而，某些蚯蚓种类也具有孤雌生殖的方式。

台湾的蚯蚓种类

　　台湾的蚯蚓动物相关研究尚未完成，已记录的种类并不算太多，[1]最早是1898年日本学者五岛清太郎、井新喜司（Goto and Hatai）的报告；1996年则有陈俊宏、施习德的

---

[1] 台湾蚯蚓资讯网网址：http //www.mbi.nsysu.edu.tw/iddler/worm/earth-wrm.htm

报告。采集地点多集中在台湾北部的宜兰、台北、桃园、新竹、苗栗地区，少数在台湾南部的高雄、屏东地区，其他地区则缺乏详细的调查，因此应仍有许多种类尚待发现。另外，还有些种类仅有学名而无任何描述，再加上大多数标本并没有保存下来，因此有些种类的记录可能会有错误。

台湾的蚯蚓种类共记录有九属二十六种，大多属于环毛蚓类（Pheretima group），其中更以远环蚓属的十六种最多（表7）。环毛蚓类是世界上种类最多的一类蚯蚓，正式记录已有七百多种，原本归类于环毛蚓属（genus Pheretima）之下，但由于过于庞大，因此大英博物馆的西姆斯（R. W. Sims）和伊斯通（E. G. Easton）在 1972 年利用表型学分类法。

表7　　　　　　　　　　　　台湾目前所产蚯蚓种类

Phylum Annelida　环节动物门 Class Oligochaeta　贫毛纲
Order Moniligastridae　链胃蚓目
Family Moniligastridae　链胃蚓科
Drawida japonica（Michaelsen, 1892）　日本杜拉蚓
Order Haplotaxidae　单向蚓目
Suborder Lumbricina　正蚓亚目
Family Lumbricidae　正蚓科
Aporrectodea trapezoides（Dugs,1828）　梯形阿波蚓
Bimastus parvus（Eisen,1874）　微小双胸蚓
Family Megascolecidae　巨蚓科
Perionyx excavatus Perrier, 1872　掘穴环爪蚓
Amynthas aspergillum（Perrier,1872）　参状远环蚓
Am.candidus（GotoandHatai,1898）　光泽远环蚓
Am. corticus（Kinberg,1867）　皮质远环蚓

Am.formosae（Michaelsen,1922） 台湾远环蚓

Am.gracilis（Kinberg, 1867） 纤细远环蚓

Am.hsinpuensis（Kuo, 1995） 新埔远环蚓

Am.hupeiensis（Michaelsen,1895） 湖北远环蚓

Am.incongruus（Chen,1933） 参差远环蚓

Am.minimus（Horst,1893） 微细远环蚓

Am.morrisi（Beddard, 1892） 牟氏远环蚓

Am.omeimontis polyglandularis（Tsai, 1964） 多腺峨嵋远环蚓

Am. papulosus（Rosa,1896） 丘疹远环蚓

Am.robustus（Perrier, 1872） 壮伟远环蚓

Am.swanus（Tsai, 1964） 丝婉远环蚓

Am.taipeiensis（Tsai,1964） 台北远环蚓

Am.yuhsi（Tsai,1964） 友燮远环蚓

Polypheretima elongata（Perrier,1872） 长形多环蚓

Metaphire californica（Kinberg,1867） 加州腔环蚓

M.posthuma（Vaillant,1869） 土后腔环蚓

M.schmardaeschmardae（Horst,1883） 舒氏腔环蚓

Pithemera bicincta（Perrier,1875） 双带近环蚓

Family Octochaetidae 八毛蚓科

Dichogaster bolaui（Michaelsen,1891） 包氏重胃蚓

（phenetics）将之分成八个属，之后又陆续发表文章修正此分类系统，目前环毛蚓类共分为十个属，其演变过程可见图74。

关于台湾的蚯蚓种类，由于早期大部分是日本学者研究的，因此我们根据伊斯通对日本蚯蚓的整理为原则，一些台湾的种类均有变动。异毛远环蚓（*Am.diffringens*）应为皮质远环蚓（*Am.corticus*）；夏威夷远环蚓（*Am.hawayanus*）应为纤细远环蚓（*Am.gracilis*）；结缕远环蚓（*Am.zoysiae*）应为微细远环蚓（*Am.minimus*）；典雅远环蚓（*Am.lautus*）为

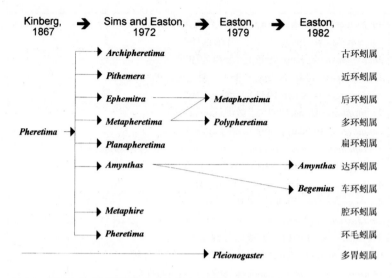

Kinberg, 1867	→	Sims and Easton, 1972	→	Easton, 1979	→	Easton, 1982	

Archipheretima 　　　　　　　　　　　　　　　　古环蚓属

Pithemera 　　　　　　　　　　　　　　　　近环蚓属

Ephemitra ——— *Metapheretima* 　　　后环蚓属

Metapheretima ——— *Polypheretima* 　　多环蚓属

Planapheretima 　　　　　　　　　　　　扁环蚓属

Pheretima ——— *Amynthas* ——— *Amynthas* 达环蚓属

　　　　　　　　　　　　　　　 Begemius 车环蚓属

Metaphire 　　　　　　　　　　　　　　　 腔环蚓属

Pheretima 　　　　　　　　　　　　　　　 环毛蚓属

——————————————— *Pleionogaster* 多胃蚓属

图 74　现今环毛蚓类蚯蚓分类系统的演变过程

壮伟远环蚓（*Am.robustus*）；洛氏远环蚓（*Am.rockefelleri*）和梭德氏丘疹远环蚓（*Am.papulosus sauteri*）均应为丘疹远环蚓（*Am.papulosus*）。另外，曾有报道亚洲远环蚓（Am. asiaticus）的研究，由于缺乏描述，也无其他记录，因此本种暂不列入台湾的蚯蚓名录中。

台湾蚯蚓的中文命名

　　蚯蚓的中文名称，以往用我国传统上的名称，或是日文的翻译，有时甚至作者自行命名，因此造成很大的混乱。目前我们采用学名的原意，即一个中文种名加上中文属名，这样可以忠实地表达原作者当初命名的准则，至于属名以上层级的称呼由于牵扯范围较大，则尽量使用已有的名称。

关于 Class Oligochaeta 和 oligochaete 的称呼，海峡两岸所常用的称呼并不同，台湾地区多称为"贫毛纲"和"贫毛类"，而大陆则使用"寡毛纲"和"寡毛类"，两种称呼都符合字面意义，我们目前保留台湾的惯用法。Family Lumbricidae 曾被称为"正蚓科"或"带蚓科"，但台湾目前较少使用，因此采用大陆惯用的称呼"正蚓科"。另外，台湾种类较多的 Family Megascolecidae 名称就有一些不同见解，由字面意义来看，megas 是指"巨、大"，skolex 则是"虫"的意思（并非指头部），也就是指"大型的虫"，大陆目前称为"巨蚓科"。甚至蚯蚓研究权威陈义在 1974 年病逝前的许多著作还不免习惯性的使用"巨蚓"字眼。

环毛蚓的属名是 Pheretima，但"环毛蚓"的称呼，是来自无效的旧属名 Perichaeta，然而，由于多数学者使用甚多，也没有其他适合的名称可取代，因此予以沿用。近年来，环毛蚓类拆开成许多的属，许多新属名除了加上字首比较容易理解之外，有些甚至是将 Pheretima 此字的字母排列组合，例如 Pithemera、Ephemitra、Metaphire，使得中文称呼上十分困难，此时只好根据各属的特征来命名，并兼顾属于环毛蚓类的名称，例如多数学者将 Pithemera 命名为"近盲蚓"，表示这属环毛蚓的盲肠（或称盲囊）是位于身体比较前面的位置，而 Amynthas 就命名为"远盲蚓"，Metaphire 由于有交配腔，因此命名为"腔环蚓"。但近年来有些学者又将近盲蚓、远盲蚓的"盲"改为"环"，以配合环毛蚓下

台湾的蚯蚓

117

各属的中文称呼，也就是都有"环蚓"的字眼，笔者认为这样较为合理，因为"远盲"或"远环"在一般人看来，都难以想象其原本意义，若均改为"环蚓"反而有助于认定其原属于环毛蚓类。

林奈创立二名法，将物种赋予独有的拉丁化学名，也就是"属名＋种名"，然而，一般人实在难以记忆这些难懂的学名，因此将每一物种给予一个中文的名称是十分自然的，在沟通上也比较容易。日本学者习惯将新记录的物种，另行定一个原发现者觉得它应该有的称呼，但属名有时也没有特别称呼，例如 posthuma 为"印度普通蚯蚓"，papulosa 为"苏门答腊蚯蚓"等，就连普遍使用"中文种名＋中文属名"的大陆也不免有些例外，例如 californica 应为"加州"的意思，然而，发现者认为所指的就是古书的"白颈"蚯蚓，因此给予"白颈"的称呼，但这些种名原本就有其特定意义，不宜再横生枝节的另订名称，本文则遵照命名者原意的方式来称呼。

命名的依据

在此将台湾蚯蚓的学名意义做个简介，可使读者了解原作者有趣的命名原意。

Drawida 称"杜拉蚓"，命名者采用印度南部民族"杜拉族"（Drawidian）的名称而取得，该地有二十七种之多，是这属的发源地。种名 japonica 即是"日本"或"大和"的意思。

Aporrectodea 暂时无法得知该字原意，因此以音译"阿波蚓"暂代。种名 trapezoides 是"梯形"的意思。

Bimastus 的 bi- 是"两个"，mastos 是"胸部"，此属蚯蚓的环带为马鞍状，在腹面分离，像是有两个胸部，因此称"双胸蚓"。种名 parvus 表示"微小"。

Perionyx 按字面上意思，为"环"（peri-）"爪"（onychos）。种名 excavatus 则为挖洞的意思，因此称为"掘穴环爪蚓"。

Dichogaster 的 dicho- 是"双、重"，gaster 则是"胃"，此属蚯蚓具有两个砂囊，因此称为"重胃蚓"。种名 bolaui 为人名，以"×氏"的原则称呼，因此称为"包氏"。

环毛蚓的属名

目前全世界的环毛蚓类可分为十属，Pheretima 依其旧属名 Perichaeta 称为"环毛蚓"，此类蚯蚓每个环节上的刚毛为环状排列，其他蚯蚓则多呈四对排列。以字首意思命名则有 Archipheretima 古环蚓属、Metapheretima 间环蚓属、Planapheretima 扁环蚓属、Polypheretima 多环蚓属。Begemius 是以澳洲蚯蚓专家 B. G. M. Jamieson 的名字命名的，因此暂称为"毕环蚓"。Pleionogaster 的字首是"多"（pleion）的意思，因此称为"多胃蚓"。其他属名则很难决定其意义，例如 Metaphire 和 Pithemera 都是将 Pheretima 的字母排列组合而成，因此依其特征来命名，因此依盲肠的远近位置来判别，位于较近的（盲肠起源于第二十二节）为 Pithemera 近环蚓（旧称近盲蚓）；较远的（盲肠起源于第二十五至二十

台湾的蚯蚓

119

七节）为 Amynthas 远环蚓属（旧称远盲蚓）。而 Metaphire 由于雄孔开口于交配囊（copulatory pouch）的腔内，因此称为"腔环蚓"。

环毛蚓的种名

至于环毛蚓类种名的部分，以地名命名的有 formosae 台湾（见图 75）、hsinpuensis 新埔、hupeiensis 湖北、omeimontis 峨嵋、taipeiensis 台北、californica 加州（白颈）。以人名命名的有 morrisi 牟氏（旧称毛利）、swanus 丝婉（旧称苏瓦那）、yuhsi 友燮（旧称吉）、schmardae 舒氏（旧称舒脉）。

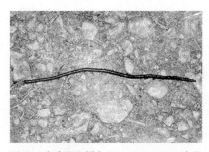

图 75　台湾远环蚓（Amynthas formosae）是以台湾为种名所命名的蚯蚓，属于台湾山区常见的大型蚯蚓，体长可达 40 厘米以上，雨后常出现在山路上。

以整体外貌来命名的有 candidus 光泽（旧称凯蒂杜斯）、corticus 皮质、gracilis 纤细、minimus 微细、robustus 壮伟、elongata 长形（旧称洄游）。

以某部位的特征命名的有 aspergillum 参状（旧仅称参）（指雄孔上乳突的排列类似洒出的水滴貌（aspergo）或类似人参的根部形状）、incongruus 参差（旧称异骈，指前列腺、受精囊、壶状体均呈不一致的发育）、polyglandularis 多腺和 papulosus 丘疹（旧称苏门答腊，均指在受精囊孔和雄孔附近具有许多的乳突腺体）、bicincta 双带（旧称菲律宾，仅按字面意义称为"双"（bi-）"带"（cinctus），可能指五对受精

图76 土后腔环蚓（Metaphireposthuma）常在洞口附近堆积排出的粪土。

囊孔在侧腹面呈两条带状，也可能指背、腹血管十分明显）。

以生态习性命名的有posthuma土后（旧称印度普通），此类蚯蚓常在洞口附近堆积由肛门排出的粪土（又称粪堆）（见图76），因此称为"土后"。

研究现况

在台湾所记录发表的新种蚯蚓共有九种，但目前仅有三种的模式标本还保存于"博物馆"当中。对于其他以台湾为模式产地的蚯蚓种类，就只能依赖文字或图片的记载来确定，这是十分可惜的事情。许多学校的学者在研究某类物种之后，因没时间等因素，常无法妥善管理这些标本。特别是蚯蚓这类软绵绵的动物，在保存液挥发之后就容易损毁，不似螃蟹、贝类等有硬壳的动物，因此最好的方法就是尽快将标本送至"博物馆"保存，至少模式标本必须如此做。

除了文献中记载的标本多数都损毁外，邻近地区的相关文献难以齐全也是困难之一。由于蚯蚓很容易因人为的携带而传至其他地区，特别是农地、花圃、草地都可能出现外来的蚯蚓物种，但许多有关蚯蚓的文献都在当地的期刊上发表，一般研究人员并不容易找到这类刊物，增加了文献搜集的困难，也容易产生同物异名的无效种。无论如何，台湾地区的蚯蚓文献初步整理已经完成，接下来是邻近地区的文献搜集，最后才渐次扩及世界其他地区的蚯蚓文献。因此在进行台湾地区蚯蚓动物相的研究时，丰富完整的参考文献也是必备的资讯之一。

结语

台湾地区的动物分类资源多集中在脊椎动物上，无脊椎动物仅有昆虫获得青睐，海洋无脊椎动物在一些研究单位的投入之后已渐被重视，非昆虫的陆域无脊椎动物就处于三不管地带，例如蚯蚓、蜈蚣、马陆、蝎子与蜘蛛都少有研究单位愿意投入，然而陆域无脊椎动物是我们日常生活都会接触到的，因此这方面的人才需求更加迫切。

加拿大的蚯蚓专家约翰·W. 雷诺兹担心人才断层，近二十多年来不断地呼吁蚯蚓分类的专才对生态学、农业、博物馆及其他领域都是十分重要且迫切的，在相关单位的经费支持之下，北美地区已有几位卓越的蚯蚓分类专家。我们目前的蚯蚓基本资料做得不够完整，应该趁现在赶紧追上其他地区的水准，否则我们可能永远都没有动物的完整资料。

物种歧异度

□ 蔡明利

　　"物种歧异度"是为了比较两个或两个以上的社群(communities）中的生物个体在物种间分布的状况，推演而成的一种指标，广泛使用于生态学上。它是物种数（number of species）和每一种生物个体丰度（abundance）的函数。当一个社群中所有种类〔相同的营养阶（trophic level）或体型相似〕的生物，它的族群密度相当时，则它的歧异度大于个体数分布两极化（数量偏多或稀少）的生物社群。如图 77 所示：在社群 1 中，每种生物的数量相当时，歧异度较高；而社群 2 中生物个体数的分布不均匀，部分种类有较多的个

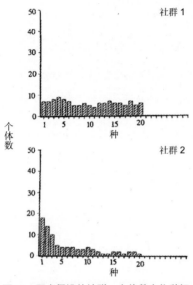

图 77　两个假设的社群，个体数在物种间分布的情形。

体数，而部分种类则较稀有，因此社群 1 的种歧异度高于社群 2。

虽然，物种歧异度可以显示物种数与个体数的均匀度（evenness of abundance），但在许多情况下，简单的物种数表列要比歧异度指数更能反映真正的情况。事实上，物种数是社群歧异度的主要决定因子。当社群的歧异度指标考虑到物种的相对丰度时，歧异度指数则决定于我们是如何去定义相对丰度与歧异度间的关系。一般的歧异度指的是，个体数在物种间分布的均匀程度。

一般普遍使用的歧异度指数分别有：布里卢安氏 H（Brillouin's H）及香农-威纳指数 H'（Shannon-Weaver index H'）。这两种歧异度指数，常用来测量一个采集样本或一个社群中，种类专一化的程度，反应在生态上即是环境的特殊性，使得生物个体数与物种数呈现某种相关。例如在淡水河的上游，我们可能发现有许多不同种的水栖昆虫，每一种的数目不多，但在下游，我们可能仅发现个体数量庞大的红虫了。歧异度可能因种数的增加或各种类个体丰度的均匀分布而增加。

　　布里卢安氏 H 适用于当族群中所有个体都能鉴定及计数时；而香农-威纳指数 H'则必须假设在一个很大或无限的社群中，可借由随机采样取出随机样本。理论上这两种指数都带有相当条件的限制；而香农-威纳指数 H'是较常使用的一种。但是从一个无限的族群中，很难得到真正的随机样本，因此，H'的使用也就必须更加小心。

什么是布里卢安氏 H?

　　布里卢安氏 H 的定义如下：

$$H = \frac{1}{N} \cdot \log\frac{N!}{n_1! \, n_2! \cdots \cdots n_s!} \qquad (1)$$

　　其中，N：所有个体总数

　　n_i：第 i 种的个体数

　　S：种数

因为系以整个族群的个体来计算，所以没有"标准差"。

　　H 的使用时机，在以下两种情况下是适当的：一是当我们可以完全掌握社群或族群的全体（鉴定与计数）时，例如在一段朽木中的所有昆虫，在一个水池中的鱼等。另一种状况是由专业的知识显示，在一个较大的社群采样，无法做随机采样而得到随机样本时，例如，以特定光源所做的昆虫陷阱得到的样本，由于光源的波长是固定的，只能吸引特定的一些昆虫,样本并非随机的样本时,则可使用布里卢安氏 H。

（1）式可简化为：

$$H = \frac{C}{N}(\log N! - \Sigma \log n_i!) \qquad (2)$$

以方便计算：在此 C 常数系视所选择的对数底而定；如以 2 为底时 C = 3.321928；以 e 为底时 C = 2.302585。

社群的最大可能 H 值（H_{max}），系当总个体数完全均匀地分布于物种间时的 H 值：

$$H_{max} = \frac{1}{N} \log \frac{N!}{[N/S]^{s-r}([N/S]+1)!^r}$$

S：种数，〔N/S〕：N/S 的整数部分；r = N − S〔N/S〕，均匀度指数 J = H/H_{max}

布里卢安氏 H 的大小不但决定于种数、均匀程度，且当增加总个体数时亦造成 H 增大；例如假设有 10 种蛾类的样本，100 个个体数的 H 高于只有 50 个的社群；而香农—威纳指数 H'则不会因样本数的改变而改变。

什么是香农－威纳 H'?

香农—威纳 H'的使用系假设从一个很大或无限的社群中，可以得到随机样本，且样本必须包含了所有社群的物种；亦即所有物种均在此样本中出现时：

$$H' = -\sum_{i=i}^{s} P_i \log P_i \qquad (3)$$

S = 种数，$P_i = n_i/N$

H'系对整个社群歧异度的一个估计值；就如同统计学的原理一样，系以样本的 H'来估计社群的 H'，其期望值与变异数分别为：

$$E(H') = [-\Sigma P_1 \ln P_1] - [\frac{S-1}{2N}] + [\frac{1-\Sigma P_i^{-1}}{12N^2}] +$$

$$[\frac{\Sigma(P_i^{-1} - P_i^{-2})}{12N^2}] + \quad \cdots\cdots \quad (4)$$

$$Var(H') = \frac{\Sigma P_i \ln^2 P_i - (\Sigma P_i)^2}{N} + \frac{S-1}{SN^2} + \cdots\cdots \quad (5)$$

（4）式中第二项以后，由于很小，一般均可忽略，只计算一、二项即可，而（5）式中第一项以后很小，通常仅计算第一项即可。

两社群的物种歧异度比较，通常以 t-test 行之：

$$t = \frac{H'_1 - H'_2}{[Var(H'_1) + Var(H'_2)]^{1/2}}$$

而其

$$df = \frac{[Var(H'_1) + Var(H'_2)]^2}{Var(_1)^2/N_1 4 Var(H'_2)^2/N_2}$$

虚无假设（null hypothesis）是 $H_0 : H'_1 = H'_2$

最大可能 $H'_{max} = \log S$（S：种数）

均匀度指数 $J = H'/H'_{max}$

虽然，这种随机样本在实验室很容易做到，但对于野外的调查则较困难，且如何达到或趋近于香农—威纳 H'所要求的条件——社群中所有物种均能在样品中出现呢？同时根据采样的原则，我们总是希望能在比较小的样本里达到这个条件。

有个直接的方法可供参考：我们先将采样时空（范围与时段）划为较小的单位，就空间来说即划为小方块，第一格采样并操纵样本计算 H'，第二格采样的资料并入第一格资料累积起来计算 H'，第三次采样则并入前两次资料再计算 H'，依此类推下去。当 H'不再随着采样范围增大或次数有增加趋势时，我们即可确定样本中已包含了该社群的所有（或几乎所有）种类了，当然直接以种数来判断亦可。这样就可决定我们采样的样本大小了。如图 78 例子，大致上可判断十六个方格的范围作为一个样本的大小。

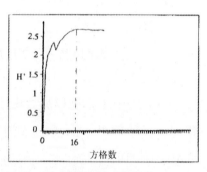

图 78　H'与采样样本大小的关系。

另外有一种辛普森氏歧异指数 [Simpson's Diversity index（D）] 亦常用到，D 是由优势度（dominance；C）导来：

$$C = \Sigma \frac{n_i\,(n_i - 1)}{N\,(N - 1)}$$

n_i：第 i 种的个体数；N：总个体数

动物与生态

而 D＝1－C。优势度代表着在一社群内，个别的物种在个体数上所占的优势程度；辛普森氏歧异指数 D 适用于，研究者对社群中几个个体数较多的种类占优势程度比较有兴趣的时候。

五点注意事项

总之，在使用歧异度时须注意下列几点：

一、H 与 H'必须尽可能使用在体型相似、生态地位相似或同一个营养阶上，因为 H 及 H'不能显示某物种的重要性。例如 1000 个个体的桡脚类对 H 或 H'的影响，要比十尾大型甲壳类来得大，但显然大型甲壳类在整个社群来讲，要比桡脚类重要。

二、歧异度指数 H 及 H'与社群中的物种数有对数的关系。因此，若将十种加入一个有二十种的社群时，H 或 H'会比将十种加入一个有五十种的社群时来得大。

三、当我们所有种类均在一个样本中出现时，样本数的增加或采样范围加大，并不会影响向农－魏弗 H'值。

四、"均匀度指数"是歧异度指标的一种，可显示在整个社群中个体数在物种间分布的均匀程度。另外，如果研究者对几种个体数较多的种类在整个社群中所占的优势程度有兴趣时，辛普森氏指数 D 则较 H 与 H'适用；H 与 H'两个指数较易受个体数量中等的种类影响，受个体特多或稀少的种类影响较小。

五、歧异度系一种指数，一个固定的歧异度并不能指明是一种固定的族群组成或个体分布状态，因此，通常是互相比较，才会有较大的意义。即使误用，在组成与大小相近的两个社群，来比较歧异度时，仍有其意义，只是这种结果不宜引申或运用作为演绎推论的基础。例如使用同一台有误差（偏高或偏低）的天平，仍可以判断两个物体是哪个较重，但其数据与真值差异较大，并不适合进一步运用。况且，如果所比较的社群种类与个体数相当大，则不同歧异度公式计算结果的差异会变小。

物种歧异与污染的关系

物种歧异在美国广泛应用的另一个原因是，它不必把每个物种完全鉴定出来，只需确定是不同种类而可加以计数即可；通常利用它必须配合着污染、污染物（包括化学物、重金属等毒性物质及温度、pH值等物理因子）的梯度（gradient）划分。

兹举美国艾拉姆小河（1977—1978）中的摇蚊类社群结构，随着重金属污染梯度而改变的例子，来说明物种歧异度的意义。表8中的五个采样站中，

表8　美国艾拉姆小河中的摇蚊类社群结构随着重金属污染的梯度而改变

测站	物种的总数	香农指数（H'）	
		成虫	幼虫
1	15	1.10	0.80
2	28	1.10	1.04
3	24	1.07	1.35
4	39	1.64	1.55
5	39	2.67	1.79

铜污染的程度由大而小是 1 ＞ 2 ＞ 3 ＞ 4 ＞ 5。物种歧异度的计算分为成虫与幼虫两类。由表可以看出 1 站共发现十五种摇蚊，而 4、5 两站均为 39 种，但由于 5 站的个体数在物种间之分布较 4 站均匀，所以有较高的物种歧异度。这种例子在已往的文献已有许多，物种歧异度显示的意义即污染造成社群结构的变化，污染造成环境的特化，使得部分种类消失，且由于缺乏竞争使剩下的种类数量增加。有许多研究者配合某些特定的毒物或有机污染，证明了物种歧异度与污染的关系。

另外，物种歧异度有时并不见得比单纯的种数与个体数灵敏。例如图 79 所示系美国夏勒小河及小灰熊溪，大型无脊椎动物社群的三种不同指

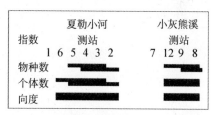

图 79　美国夏勒小河及小灰熊溪，大型无脊椎动物社群的三种指标之灵敏度 $p < 0.05$。

数之灵敏性，以 "邓肯氏新多变距方法"（Duncan's new multiple range test）来测验，底下的黑色线条表示，在同一黑线条内各测站无显著的差异。例如图中的物种数中 5、4 及 3 站间无显著差异，4、3 及 2 站亦无显著差异；比较香农氏歧异指数，发现物种歧异度指数在所有采样站间都无差异；虽然这些采样站系根据污染的梯度而设立的，但由图中显示，香农氏歧异指数并无法区分出污染的不同程度，而简单的种数及个体数则较物种歧异度灵敏。因此，显然物种数或个体数要比向农氏歧异指数，更能区分不同的污染程度。

海洋的绿洲
——珊瑚礁资源

□戴昌凤

动物与生态

珊瑚礁是浩瀚海洋中生产力很高的生态系统，同时，它也是地球上生产力最高的生态系之一。根据估计，每平方米珊瑚礁面积的生产力约为周遭热带海洋生态系统的 50~100 倍，因此，珊瑚礁常被称为"海洋中的热带雨林"或"海洋中的绿洲"。

珊瑚礁的高生产力，孕育了众多的生物在有限的空间中繁荣生长，其中不乏具有经济价值的渔业资源，而且在竞争频繁的珊瑚礁生物社会中，生物间发展出来用以御敌或通讯的化学物质，可能成为极具潜力的天然药物资源。珊瑚建造的礁体则是被广泛利用的矿物资源。珊瑚礁生态系统的多重功能与珊瑚特殊的生理现象有关。

珊瑚是构造非常简单的动物，却具有十分神奇的功能。在分类上，珊瑚属于刺胞（或腔肠）动物门（Phylum Cnidaria）的珊瑚虫纲（Class Anthozoa）。它们的身体由两个细胞层（表皮层及内皮层）构成，夹在中间的则是通常不具细胞的中胶层。基本上，珊瑚虫体是个可伸缩的囊袋，整个身体仅在顶端有个开口，口的周围环绕着一圈触手（见图80）。触手的表皮层具有许多刺细胞，能够发射出钩刺状的刺丝胞，并且经由毒液的麻醉作用，将小生物击昏，予以捕食。因此，从表面的构造看来，珊瑚是掠食性动物，但实际上，珊瑚的营养来源大部分却仰赖共生藻。

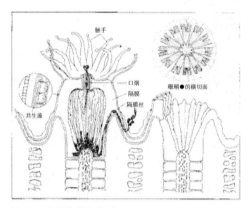

图 80　珊瑚的基本构造

共生藻属于单细胞的涡鞭毛藻，藻体非常细小，它们分布在珊瑚内皮层的细胞内。以整个珊瑚组织的重量来说，共生藻的量往往比珊瑚虫还多，因此，珊瑚群体是动物性和植物性组织的总和。珊瑚和共生藻密切的共生关系，对珊瑚的钙化和造礁活动，以及营养盐和能量循环，都有很大的影响。共生藻能把珊瑚代谢产生的废物，经由光合作用合成有机物质，再传送给珊瑚利用. 由于共生藻的存在，使得珊瑚体内物质和能量的循环能以很高的效率运行。此外，共生藻也能促进珊瑚的钙化速率，加速珊瑚骨骼的形成. 因此，共生藻对珊瑚礁的生产力和造礁活动都有重要的贡献。

珊瑚礁的生产力

珊瑚礁生态系统拥有非常高的生产力，但位于贫营养盐的海洋环境中，这种看来似乎是矛盾的现象，却都一直引起科学家的研究兴趣。根据估计，珊瑚礁植物和共生藻的生产量约为每天每平方米 5~20gc，而一般中营养盐或贫营养盐海域的初级生产量约每天每平方米 0.05~0.3gc。除了初级生产量特别高外，珊瑚礁生态系中能量传递和利用的过程，也是非常有效率的，因此，珊瑚礁才能够维系种类众多、数量庞大的生物在此生存繁衍。

珊瑚礁生态系统的初级生产量，主要来自：海洋中的绿色植物，包括大型海藻、海草、附生藻类、共生藻和浮游植物等。这些植物能行光合作用合成有机物质，供众多的珊瑚礁生物利用。

珊瑚礁贫营养盐的环境，尤其是磷酸盐（PO_4^{3-}）的供应，可能是初级生产量的主要限制因子，但是经由营养盐源源不断地输入，珊瑚礁才得以维持很高的初级生产量。因

动物与生态

134

此，珊瑚礁可说是海洋环境中营养盐的"陷阱"，外来的营养盐一旦被输送进珊瑚礁生态系统中，很快就会被吸收利用，而且保留在珊瑚礁生物间，很少输出到外围环境。这种只进不出或多进少出的物质运输方式，使珊瑚礁的初级生产不致受限制，而得以维持众多生物的生存。至于氮的来源则仰赖细菌和蓝绿藻的固氮作用，因此，这些固氮生物在珊瑚礁生态系中相当普遍。

珊瑚礁的初级生产量除了供给珊瑚利用外，也会被草食性动物或滤食性动物利用，珊瑚也会经由释出黏液的方式，将物质传输给其他生物利用。从生产者、初级消费者到次级消费者，珊瑚礁生态系统的物质和能量循环，环环紧密相连，效率很高，因而维持了高的次级生产量。高的生产量则提供丰富的资源，供人类开发利用。

珊瑚礁资源的利用

渔业资源

珊瑚礁生态系统的高生产量孕育了丰富的鱼类、甲壳类和贝类等各门各类的生物，其中不乏具有食用价值的种类，因此珊瑚礁往往是沿岸渔业的重要据点。

珊瑚礁的生物性资源中，最常利用的是鱼类。珊瑚礁鱼类的种类众多，色彩鲜艳。有食用价值的种类又可分为底栖性和洄游性两大类。其中洄游性的乌尾冬、乌鱼、龙占、参类等，具高经济价值。底栖性鱼类如石斑、石鲈、笛鲷、秋姑鱼、鹦哥鱼等，也是经常食用的种类，通常以延绳钓或一支钓法捕获。娇小可爱的珊瑚礁鱼类例如蝶鱼、棘蝶鱼、雀鲷、隆头鱼、狮子鱼等，则常当做水族宠物饲养，因此捕捉热带鱼也是珊瑚礁常见的一种渔业行为。

珊瑚礁甲壳类中最具经济价值的是龙虾，它们属于夜行性动物，白天躲在洞穴中，夜晚才跑到洞口或外出觅食，因此在珊瑚礁捕捉龙虾或其他甲壳类，大多在晚上进行。软体动物中的腹足类和双壳贝类也是具经济价值的珊瑚礁生物，体型较大的螺类如夜光蝾螺，有食用价值。多数贝类则被捡拾来当做装饰品贩卖。属于软体动物头足类的章鱼和乌贼，是珊瑚礁的常客。它们有食用价值，也是渔民捕捉的对象。

珊瑚类的骨骼是相当常见的装饰品，除了与珠宝、钻石齐名的红珊瑚外，各类珊瑚的骨骼，包括造礁珊瑚、海扇、柳珊瑚、黑珊瑚等，都是常采集来当做装饰品贩卖的珊瑚礁生物。

药物资源

把珊瑚当药物来用，有着悠久的历史。唐朝颁布的《新修本草》中，就记载有"珊瑚可明目、镇心、止惊等功用"。明朝李时珍的《本草纲目》中，详细记载珊瑚的药用功能："珊瑚甘平无毒，去目中翳，消宿血。为末吹鼻、止鼻血。明目镇心、止惊痫。点眼，去飞丝。"此书中所记载的珊瑚，依图示判断可能属于柳珊瑚的种类。近年来，科学家研究发现许多珊瑚都有药用价值，例如黑角珊瑚（Antipathes sp.）的分枝可治疗急性结膜炎、食道溃疡、血痢等。红扇珊瑚（Melithaea ochracea）的群体磨粉冲开水内服，有止痢、止呕吐等作用。

软珊瑚则是普受重视的天然药物资源。第二次世界大战期间，美国和日本政府都积极从事海洋毒物的调查研究，发现许多有毒海洋生物，其中有些取自软珊瑚毒物，毒性非常剧烈，引起科学家极大的重视，促进了软珊瑚天然药物研究的发展。近二十年来，随着物质分离和鉴定技术的发展，有关珊瑚天然药物的研究大有斩获。许多科学家分别从热带和亚热带海域普遍存在的软珊瑚和柳珊瑚中，分离出许多能使动物产生生理变化的活性物质，包括：前列腺素（prostaglandins）、萜类（terpenes）、双萜类（diterpenes）、固醇类（sterols）等。其中许多的萜类和双萜类有抑制癌细胞、肿瘤细胞或发炎细胞增殖的特性，具有作为天然药物的潜力。目前分离出来的萜类超过百种以上，虽然详细研究过的，并且已有商业生产的萜类为数极少，但软珊瑚的次级代谢物远不止这些，而我们才刚刚开始揭示它们的生理活性，还有许许多多的化学成分及生理活性，尚待我们去探索、研究和开发。

矿物资源

珊瑚礁生态系的存在，已有亿万年的历史。在久远的地质史上累积的庞大珊瑚礁生物量，经过物理化学作用后，转变成石油资源。石油储存在珊瑚礁多孔隙的石灰岩中，不断累积扩大，终成为丰富的石油矿藏。现今许多蕴藏着丰富的石油资源，诸如阿拉伯半岛、墨西哥、美国德州和委内瑞拉的石油资源，都与珊瑚礁有关。

珊瑚所堆积的石灰质骨骼，提供建筑工业的基本原料。根据估计，每亩珊瑚礁面积每年约可生产 400~2000 吨的碳酸钙。这些碳酸钙的纯度高，可以当做水泥、石灰等建筑材料。团块形珊瑚的骨骼则可直接作为砌墙柱的材料。毗邻珊瑚礁沿海地区的民众，经常使用珊瑚骨骼作为房屋的建材。珊瑚多孔隙的特征，有冬暖夏凉的功效呢！这种"珊瑚古厝"在澎湖地区极为普遍。石灰岩经过变质之后成为大理石，更是良好的建材，还可用于雕刻、饰品等，具有多重用途。此外，珊瑚礁分布在沿岸，不但构筑礁体，也捍卫陆地，对沿岸的水土保持，贡献很多。

观光游憩资源

珊瑚礁多彩多姿的生物和雄伟壮丽的景观，为人类提供亲近海洋的活动空间。珊瑚礁可说是地球上生物种类最众多、数量最丰富、色彩最艳丽的生态系统，各门各类的生物，几乎都可在珊瑚礁上找到它们的踪迹，其中最引人注目的要算是珊瑚礁鱼类、贝类、甲壳类和棘皮动物。这些生物的形态变化万千，色彩鲜艳夺目，各种精致巧妙的共生关系和惟妙惟肖的拟态行为，十分普遍。生物间在栖所、食性和活动时间的分配与特化，也很明显。这些生物，形形色色，琳琅满目，都足以让人赏心悦目。珊瑚礁澄蓝的海水、复杂的地形和多变化的景观，吸引游客的焦点，成为爱海者的乐园。

在珊瑚礁海域里，我们可以浮游在碧波之上，观赏五色鱼群，享受漂浮在海水中的乐趣。可以垂钓礁岩，观看沧海的脉动，倾听海洋的声音。也可以扬起风帆，在海阔天空中尽情驰骋。或者穿戴起潜水装备，潜入海底，寻幽探秘。只要你能敞开心胸，品赏意象，反复体察，珊瑚礁海域的优美景致，都足以让人涤尽尘嚣、澄净思虑，荣辱皆忘。

台湾沿岸海域的珊瑚礁资源

台湾位于热带至亚热带之间，周围海域又有黑潮流经，海水温暖、水质清澈，因此沿岸海域适合珊瑚的生长，只要有硬底质的地方，大多有珊瑚的分布。除了西部沿海沙质海域不适合珊瑚生长外，南、北、东部、各岛的沿岸海域，都有珊瑚分布。但是由于各海域环境条件的差异，珊瑚的生长情形和珊瑚礁的发育程度并不一致。

北部沿海从淡水河口北方起，经石门、野柳、金山、基隆、澳底到三貂角，有一大部分属于东北角海岸风景特定区的范围。这片海域大部分为砂岩和页岩的底质，冬季东北季风盛行期间的海蚀作用强烈，沉积物多，而且水温在12月至2月间往往低于18℃，限制了珊瑚的蓬勃生长，因此珊瑚生长不良，只形成群聚的形态，而无珊瑚礁的发育。较大的珊瑚群聚分布在富贵角、野柳、和平岛、基隆屿、鼻头角、龙洞、澳底、卯澳和三貂角附近。珊瑚长在海蚀脊、海蚀平台、峡沟及峭壁上，覆盖率约达30%，珊瑚种类约有40属120种，以叶片形和团块形的珊瑚最多，分枝形的珊瑚次之，软珊瑚很少，一般出现在此海域。

东部沿海从宜兰县至台东县沿岸，大多为陡峭的岩石底质。由于黑潮的影响，沿岸海水大多温暖清澈，但是由于海流较强和冬季东北季风的影响，珊瑚生长在不同地区之间，也有相当大的差异。珊瑚生长较好的地区在苏澳、龟庵、石梯坪、三仙台附近沿海，部分地区有珊瑚礁的形成，珊瑚类以团块形的菊珊瑚和微孔珊瑚为主，分枝形的珊瑚次之。

南部恒春半岛沿海是台湾岛珊瑚类生长最佳的地区，沿岸雄伟壮观的隆起珊瑚礁和海底现生的珊瑚礁，互相连续也相互辉映，构成美丽的景观，也是垦丁公园重要的景观资源。本海域的珊瑚礁为发达的裙礁，珊瑚种类众多，约有62属250种以上。各形各类的珊瑚都可在此海域发现，色彩缤纷的珊瑚礁鱼类有一千种以上，还有种类和数量都非常众多的藻类及海绵、海葵、贝类、甲壳类、棘皮动物等海洋无脊椎动物，生物资源极为丰富。其中南湾海域富饶的软珊瑚资源，经近年来的研究发现，含有许多极具潜力的天然药物，值得进一步的研究和开发。

澎湖群岛由大小不等的64个岛屿构成，涵盖广阔的水域，沿岸的底质主要为玄武岩，而且水浅、坡度平缓，因此海面下珊瑚的生长相当繁盛。尤其在目斗屿、吉贝屿、姑婆屿等北部海域，珊瑚覆盖广大的面积，珊瑚骨骼常堆积生长，分布在沿岸或形成珊瑚脊，绵延分布，构成美丽的景观。澎湖海域的珊瑚种类，已记录的石珊瑚约有50属150种，软珊瑚偶尔可发现，但种类和数量较少。广大的珊瑚礁海域，除了提供海域游憩活动的资源外，也是重要的渔场，捕鱼则是澎湖地区居民的主要收入。

小琉球屿位于屏东县东港镇西南约十千米的海面上，为珊瑚礁构成的岛屿，沿岸则为隆起的珊瑚礁围绕着，海面下的现生珊瑚礁相当发达。尤其在岛西面的珊瑚群聚最发达，水深三十米以内的水域，大多有珊瑚的生长，并以水深5~15米间生长最佳，目前已记录的石珊瑚约有50属180种。软珊瑚的种类和数量也相当多。小琉球屿的珊瑚礁除了是重要的观光资源外，也是许多经济性鱼类和甲壳类等的孵育场所，对维护高屏地区沿岸的渔业资源十分重要。

绿岛和兰屿位于台湾岛的东南方，两者都是火山岛，也都位于黑潮流域，沿岸的水质清澈、水温适宜，珊瑚生长极佳。沿岸也都有发达的珊瑚礁分布，造礁珊瑚的种类和生物量都很丰富，约有160属250种以上。软珊瑚的种类也相当多，以伞形软珊瑚和羽软珊瑚为主。沿岸的珊瑚礁生态系是本地区重要的观光资源，绿岛属于东部海岸风景特定区管辖，兰屿则即将成立公园。

珊瑚礁在南海的分布更是广泛，东沙群岛和南沙群岛都是由环礁群构成的岛屿，周围海域都是珊瑚礁，由于位在低纬度的热带地区，而且人迹罕至，因此珊瑚生长茂盛，种类应在300种以上。

广阔海域拥有相当丰富的珊瑚资源，除了有观光游憩价值外，也维系着沿岸或近海渔业的发展，许多珊瑚礁生物，还可能含有丰富的化学物质，可作为治疗绝症的天然药物。由于历年来的研究甚少，到目前为止，我们仅对恒春半岛的珊瑚资源有较完整的了解。不论为了保育还是开发珊瑚资源，都需要更多的人力投入相关的研究。

珊瑚礁资源的保育

珊瑚礁常被认为是敏感而脆弱的生态系，主要的原因为：一是珊瑚类对环境条件的要求很严格，适合其生存的环境条件很狭窄，环境稍有变动就会对它产生影响；二是珊瑚礁生物间相互依存的共生关系或食物网，非常细致而敏感，易受污染物的加入而改变，污染物只要破坏其中的一环就可能会牵一发而动全身；三是污染物质的作用，往往随温度的升高而增加，珊瑚礁温暖的海水可能会加强污染物的效应。珊瑚礁资源虽然具有生物性的持续再生能力，但是由于珊瑚对环境的变化敏感，而且遭破坏后的复原速率缓慢，因此十分需要大家爱惜保护，才能保存这些珍贵的自然遗产，供后世子孙永续利用。

近年来，由于海域活动日益频繁，包括：水肺潜水、浮潜、海钓、水上摩托车等，都可能对珊瑚礁生态带来威胁。滥采珊瑚、毒鱼、炸鱼等行为，除了破坏珊瑚礁生物资源，也危及整个生态系的平衡。沿岸地区的开发和游客的增加，则带来有机质和沉积物的污染，使珊瑚礁面临前所未有的污染冲击。

为了保护珊瑚礁资源的永续存在，最广泛被采用的方法是设立保护区。经由设立海域保护区和立法管制，防止人为污染和破坏行为，也禁止商业性开采或渔捞行为的介入；另一方面，保护区则可提供学术研究和教育使用，或者有限度开放供娱乐游憩活动，达到永续利用的目的。

珊瑚礁生态保护区的设立，应考虑下列原则：

第一，珊瑚生长密度高、种歧异度大或珊瑚生长繁盛的地区，应列为生态保护区，禁止一切人为活动的干扰。

第二，与此生态保护区邻近且关系密切的地区，应列为一般管制区，作为缓冲地带，有限度开放给研究或教育使用。

第三，对于特殊的栖地或重要的生态系，应划为特别景观区，适度管制人为活动的干扰。

此外，为了发挥珊瑚礁资源的有效利用，在交通便捷地区可设立海域游憩区，适当鼓励珊瑚礁海域的游憩活动。但是为了避免对珊瑚礁区的生态造成过度冲击，对于游憩活动的地点、路线、活动季节和方式，都宜有明确的管理办法。

海葵在珊瑚礁的大扩张

□樊同云　黄意筑　蔡宛栩

动物与生态

随着社会的快速发展与全球环境的变迁，许多原本拥有丰富美丽海洋生物的珊瑚礁，正承受着各种自然与人为因素，例如台风、全球暖化、棘冠海星大扩张、沉积物、优养化和过分捕鱼等的影响而逐渐改变其面貌。世界各地，包括太平洋和大西洋的许多珊瑚礁区普遍发生的衰败现象，便是原来以珊瑚为优势而转变为以大型海藻为优势的群聚结构。此转变在许多地区已持续数十年，造成珊瑚礁底栖群聚结构的根本改变，并直接影响珊瑚礁对人类的资源价值。此外，值得密切注意的现象则是海葵的蔓延生长，不同种类的海葵已经在一些珊瑚礁区大量出现，形成稳定的群聚，并且对珊瑚礁的生物多样性造成冲击。

海葵与珊瑚

　　海葵与珊瑚的亲缘关系相当接近，同属于刺丝胞动物门的珊瑚虫纲。这两类动物在外形上非常相似，都具有柱状身体与触手环绕其口部，而主要差别则在于珊瑚具有成分为碳酸钙的骨骼或骨针，而海葵则无。海葵（图81）又依形态特征的不同而分为海葵（Actiniaria）、角海葵（Ceriantharia）、拟珊瑚海葵（Corralliomorpharia）和菟葵（Zoanthidae）。多数人对海葵的印象主要是潮间带附着生长在礁石上的海葵，

(A)

(C)

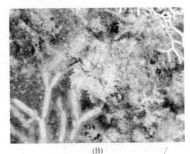

(B)

图81　(A) 角海葵　(B) 拟珊瑚海葵　(C) 菟葵

这些海葵在一些地区形成密集的族群，并且主要借着快速的无性分裂生殖而维持族群数量，而由于是经由无性分裂繁殖，一些雌雄异体种类在某地区的个体皆为相同性别，如皆为雌性或雄性。其他较为人熟知的海葵则是在珊瑚礁海域与小丑鱼共生的大海葵（见图82）。虽然海葵过去即在一些地区形成大量密集的族群，然而，在夏威夷、红海、马来西亚、马尔代夫和台湾地区的部分珊瑚礁区原本是以珊瑚为主，后来却转变为以海葵为优势的群聚结构，这现象值得追踪注意。

图82　与小丑鱼共生的大海葵

海葵大扩张的案例

　　夏威夷瓦胡岛卡内奥黑（Kaneohe）湾的珊瑚礁，从

1950 年代开始，由于邻近地区开发，造成有机废水和陆源性沉积物污染等环境压力，使得浅海裙礁区的石珊瑚在大约十五年的时间内，即被菟葵棕绿纽扣珊瑚（Zoanthus pacificus）取代。此外菟葵象耳珊瑚密集出现在礁平台区，密度高达每平方米 12000 只珊瑚虫。菟葵的大扩张是此海域生物相变迁最引人注目的现象之一。

在红海北部以色列埃拉特沿海的珊瑚礁，其礁平台区原本以珊瑚为主要的底栖生物，但是 1970 年发生大退潮造成珊瑚大量死亡。此后，拟珊瑚海葵红口蝮香菇（Rhodactis rhodostoma）快速独占新出现的基质，覆盖率最高达 69%。此海葵能够快速进行无性纵裂生殖而形成广大聚集群，同时还具有较强的竞争能力，会攻击周边的珊瑚并覆盖在死去的珊瑚骨骼上生长。此外，红口蝮香菇也在埃及沿海受地形屏障的礁平台区成为优势种，其覆盖面积可达一百平方米以上，并且形成如地毯般连续分布的景象。

乐浪岛（Pulau Renggis）和托莱岛（Pulau Tulai）两岛的珊瑚礁，其斜坡区分别于 1978 年和 1984 年出现棘冠海星大扩张，造成轴孔珊瑚等被摄食而大量死亡。之后便有拟珊瑚海葵占据死亡分枝形和团块形珊瑚的骨骼，并形成连续且密集分布的族群，但此现象 1981 年之前未见报道，而 1989 年调查时海葵的覆盖率已达 30%~90%。这些拟珊瑚海葵经由无性分裂快速生长和生殖，迅速占据新基质，同时也具有优势的竞争能力，能利用身体边缘的触手和隔膜丝攻击邻近的珊瑚，而不断扩张族群。

拟珊瑚海葵在马尔代夫礁区也造成珊瑚死亡，并快速覆盖生长，占据广大面积，且与珊瑚接触的部位，珊瑚组织发生白化、溃烂、死亡，显示其竞争能力优于珊瑚。

台湾海葵大扩张的案例

台湾南部垦丁公园的跳石海域原先以石珊瑚为主，其中分枝形的轴孔珊瑚在此形成一些长度可达数十米的大型群体，并呈现区块分布。过去数十年来，此海域陆续受水质优养化、松藻.大量繁生、泥沙沉积物污染使海水混浊和台风侵袭等影响而造成珊瑚受损呈现衰败。在1994年，此海域连续受数个台风侵袭而严重受损，分枝形轴孔珊瑚的骨骼残骸堆积如山，其后单体型的南湾结节海葵大扩张而占据轴孔珊瑚骨骼残骸（见图83）。2002年时，海葵已完全占据许多轴孔珊瑚骨骼残骸，其连续密集生长的最大群集可达150平方米。值得注意的一点是，南湾结节海葵的形态特征与大西洋的巨大结节海葵（Condylactis gigantea）最相似，而其为水族宠物，一些水族馆皆有引进贩售，此两种结节海葵的亲缘关系尚待进一步验证。

海葵大扩张的现象也出现在台湾南部核能三厂的入水口海域，此海域过去因受海堤屏障以及核电厂管理的限制，而免于各种自然和人为的破坏，珊瑚群聚因而稳定且繁盛地发展，形成分枝形轴孔珊瑚的大型群集和孕育丰富的海

图 83　结节海葵是跳石的优势种

水鱼（见图 84）。大约在 1990 年代，此海域可能受南湾海域环境品质衰退，海水逐渐混浊影响，华美中海葵（Mesactinia ganesis）大量形成，由轴孔珊瑚群体基部逐渐向上

图 84　栖息于轴孔珊瑚分枝间的海水鱼

图 85　华美中海葵覆盖生长在轴孔珊瑚分枝上

(A)　　　　　　　　　　　　　　　　(B)

图 86　(A)：蓬锥四色海葵与微孔珊瑚竞争生存空间；(B) 大结海葵

覆盖生长（见图 85），在部分地区密集分布而取代珊瑚，目前在数量上与珊瑚相抗衡。此海域另外尚有蓬锥四色海葵（*Entacmaea quadricolor*）（见图 86A）和大结海葵（*Megalactis sp*）（见图 86B）的数量也相当丰富，并与珊瑚竞争生长空间。

海葵取代珊瑚的可能原因与机制

依据目前所累积的资料，造成海葵取代珊瑚成为优势的可能原因与机制如下：（一）干扰，如红海的大退潮、马来西亚的棘冠海星大扩张、台湾跳石海域受台风肆虐等，造成珊瑚伤亡惨重；（二）水质因受优养化和沉积物污染而恶化，造成环境不适合珊瑚生长但却促进海葵繁盛，如夏威夷卡内奥黑湾和台湾南部核能三厂的入水口海域；（三）海葵凭借其快速增殖与较强的竞争能力，趁着珊瑚受损严重或环境较适合海葵繁衍的机会，迅速扩张，占领新出现的基质。至于大量形成的海葵能否继续不断地向其他地区扩张，则随着地点的不同而有所变化，例如在红海，拟珊瑚海葵的覆盖区域似乎呈现继续扩大的趋势，但在台湾南部的南湾结节海葵和华美中海葵，则似乎分别局限分布于跳石和核能三厂入水口海域，不过其未来发展仍有待更进一步的追踪调查。

在海葵的无性生殖能力方面，这些大扩张的海葵都以无性纵裂生殖为主，由口盘或足盘开始，然后沿着身体至另一端撕开而分为两个约等大的新个体，并且无性生殖作用旺盛。每个月调查个体的分裂率介于 6%~16%，也就是每一百只海葵便有 6~12 只正在进行分裂，而其分裂完成所需时间。以华美中海葵为例，短则二至三天，长则十天以上，同时所产生的子代体型较大、存活率高，因此能在短期内快速扩张族群数量。

海葵较强的竞争能力也是促使其成为优势种的重要原因。当海葵与珊瑚接触后，其口盘边缘的触手可能特化形成膨大球状结构，其组织的表皮层增厚，并具有较多的刺丝胞用于攻击对手，同时会移动位置攻击珊瑚，在珊瑚死后覆盖生长在其骨骼上并继续扩张。不过，海葵的竞争能力排名只达到中等，通常只对珊瑚虫较小而竞争能力较弱的分枝形或团块形珊瑚种类，如轴孔珊瑚、鹿角珊瑚、微孔珊瑚和表孔珊瑚等具有竞争优势，当遭遇到的珊瑚种类是竞争能力强的棘杯珊瑚和肾形或束形针叶珊瑚时，则二者呈现对峙局面或珊瑚赢过海葵。因此，海葵通常只能够密集生长在轴孔珊瑚的群体上。

海葵大扩张对珊瑚礁的影响

　　海葵大量繁生取代珊瑚对珊瑚礁产生的影响，包括造礁速率减缓、生物多样性降低、抑制珊瑚的加入量而阻碍复原等。由于轴孔珊瑚生长速率快，一年可长 10～20 厘米，因此在造礁功能方面扮演重要角色，一旦被不会堆积碳酸钙骨骼的海葵取代，将几乎完全失去造礁作用。此外，珊瑚的骨骼分枝之间原本有许多与珊瑚共生的生物，是各种甲壳类、螺贝类、棘皮动物和鱼类栖息与躲避掠食者的生活空间，海葵的密集生长不但使这些共生生物无容身之处，具攻击作用的刺丝胞更使它们不敢接近，造成珊瑚礁供应多样丰富栖息空间的功能减弱，连带使被海葵覆盖区的生物多样性降低。海葵如同地毯般地密集分布，使得珊瑚的幼苗没有可附着生长的空间，海葵较强的竞争能力，则造成珊瑚无性断裂生殖而来的分枝片段难以存活。在珊瑚无性与有性生殖加入量都缺乏的情况下，被海葵覆盖生长的珊瑚礁难以恢复成原来面貌，造成生态、渔业、观光与经济的重大损失。

另一类珊瑚礁群聚形态

另外值得深入探究的问题还包括，除了珊瑚和海藻之外，以海葵为优势是另一类稳定的珊瑚礁群聚形态？抑或只是珊瑚礁群聚演替中的一段过程，而日后终将发展成为以珊瑚为主的群聚形态？由于以藻类为主取代以珊瑚为主的群聚相变现象，普遍发生在世界各主要珊瑚礁区，并且已持续存在三四十年之久，因此以藻类为优势已被许多学者认为是珊瑚礁另一类稳定的群聚形态。然而，由于目前发生海葵取代珊瑚而成为优势的地区并不多，且相关研究资料较少，因此仍然需要更广泛与长期的调查研究才能厘清。

水族箱中的海葵大扩张

相对于野外天然珊瑚礁陆续受到海葵大量生长的影响直到近数十年来才受到人们注意。长久以来，海葵繁生就一直是海水水族箱中最容易发生而令许多水族爱好者困扰的问题之一。水族箱中最常大量出现的是拂尘海葵（Aiptasia sp）（见图87），可借由足盘的裂片生殖而迅速大量繁殖，因此，若是不小心经由新生物或新基质的加入而引进此海葵，随后便可能出现海葵大扩张，盘踞水箱中的大部分空间并攻击其他底栖固着性的动物，造成其伤亡、破坏生态平衡、污染水质而降低水族箱的观赏价值。海葵大扩张也显示水箱中生态的不平衡，缺少控制海葵的天敌，而一般在引进以海葵为食的蝶鱼，如扬帆蝶鱼后，即可有效控制其数量不再增加，甚至使其绝迹。

87　在水族箱中大发生的海葵

　　水族箱中海葵大扩张的出现与控制，可以表示出生物的引进、生态平衡与环境管理的重要性，虽然目前人们对于如何控制维护水族箱中的生态平衡已有许多方法并且成效良好，但是对于野外天然珊瑚礁海葵大扩张现象的了解仍很有限，相关的改善与解决方法还有待建立。

珊瑚礁鱼类的空间分配

□张昆雄　詹荣桂

　　众所周知，珊瑚礁的生物相是世界上最复杂、最美丽的景观之一。台湾地区在地理位置上既属于亚热带，又属于热带，四周除了西部为沙岸外，在其他区域则到处可以见到这种五颜六色的珊瑚礁区。因为这些珊瑚礁终日浸没在海水里，所以昔日虽为人所向往，却远不可及。1972 年，以自给式水下呼吸器（SCUBA）从事海洋生物研究的方式引入，从此，珊瑚礁的神秘外衣逐渐揭开，我们也因此对光怪陆离的鱼类生态有了一番了解（见图 88）。

图 88　水底摄影是从事潜水调查时的一项重要
工具。1981 年 1 月 25 日摄于南沙太平岛，水
深 13 米。

珊瑚礁区鱼种众多

生存于珊瑚礁区的鱼种相当繁多，从事潜水调查时，常常会遇到游鱼四出，令人目不暇接的情况。笔者于 1981 年 1 月赴南沙太平岛所做调查的结果，在太平岛南方面积约 800 平方米的海域内，即记录了 33 科 173 种鱼类。当然这个数目也只可说是一个约数，因为调查工作是在白天进行的，而这时海里面的一些隐藏性的鱼类如鳚科（Blenniidae）、虾虎科（Gobiidae）的鱼类都躲在礁隙或岩洞之中。在所举的这个例子之中，可以看出珊瑚礁区内的鱼类群社中的鱼种相当复杂。据估计，台湾沿岸珊瑚礁鱼类之种类达 1000～1500 种之多，约占太平洋珊瑚礁鱼类的 1/2 左右。

空间影响族群的大小

许多初次潜水的人们常会被穿梭于珊瑚礁间色泽缤纷的鱼类诱得晕头转向，往往也因此忽略了这些鱼类的生态环境。事实上，在这芸芸众生之中，有的鱼种的个体多得可以聚集成群，有的鱼种却独居终日。有些鱼隐藏在靠近礁壁的地方，也有些散居在珊瑚礁多穴的礁体中。在这样的一个鱼类社会里，我们经常会面对一些问题，比如说：这些鱼种如何能够舒适地在这有限的空间内生存呢？哪些因素使得这些个别鱼种的生物量（biomass）受到限制呢？根据最近出版的一些刊物以及学者所发表的论文，我们发现像珊瑚礁这样一个鱼种丰富的区域，空间和食物实在是限制鱼类族群的两个主要因素，所以把空间因素放在前面，是因为空间不但提供了鱼类的隐蔽处，甚至也是鱼类对抗掠食者的主要场所。在珊瑚礁区的鱼类群体，由于各鱼种的行为、活动类型、栖所的选择等各不相同，因此也就可能减少发生持续性种间竞争的现象。事实上，在这个群体里，能够共同生存在一起的鱼类个体数，是由它们分配空间的程度而定。由于鱼类选择栖所的策略经过长期的演化，它们之间种内或种间的关系有时会产生一些特化的现象，或是降低相互间竞争的情况，也有一些鱼类会变得更"个人主义"些，因此彼此之间会经常争雄不已。

鱼类各有所居

通常一个鱼类之间空间分配的问题，可以简化成两个了解的方向。第一个是：不同的鱼种之间如何共同利用同一个空间，并且共存下去呢？第二个方向是：就同一种鱼来说，不同年龄群的个体如何防止在空间上发生竞争呢？为了回答这些问题，首先我们可以对珊瑚礁鱼类，依其在空间的分布状况分成七个类别，而加以了解。

第一类为那些在珊瑚丛以及珊瑚礁上方或周围游动的鱼

类。如果海水够深的话，它们游动的地方距这些珊瑚礁较远，垂直距离超过 3 米，如乌尾冬科（Caesionidae）、鲹科（Carangidae）。

第二类鱼类也在珊瑚丛以及珊瑚礁上方或周围游动，但是活动的位置距离这些珊瑚礁较近，一般垂直距离不超过了米。如粗皮鲷科（Acanthuridae），蝶鱼科（Chaetodontidae），棘蝶鱼科（Pomacanthidae），雀鲷科（Pomacentridae），隆头鱼科（Labridae），此外，鹦哥鱼科（Scaridae）也多属此类。

第三类鱼类在白天都躲到凹入到珊瑚礁崖下阴影中。如金鳞鱼科（Holocentridae）中的锯鳞锯及鳂鱼两属、天竺鲷科（Apogonidae）、拟金眼鲷科（Pempheridae）。

第四类鱼类生存于珊瑚礁上的洞穴里。如准雀鲷科（Pseudochromidae）、鲈科（Serranidae，见图 89）、鳝科（Muraenidae）、鲉科（Scorpaenidae）。

第五类鱼类游泳的能力相当弱，平时都停留在海底底质之上。如合齿科（Synodontidae）、虾虎科。

图 89　玳瑁石斑(*Epinephelus megachir*)藏身在珊瑚礁缝里。1980 年 5 月 4 日摄于野柳，水深五米。

第六类鱼类生活于珊瑚丛的分枝上。如有些雀鲷科中的（Dascyllus）属、英光光鳃雀鳃（Chromiscaeruleus）。

第七类鱼类是那些和无脊椎动物形成共生现象（symbiosis）的。如雀鲷科中的双锯刺盖鱼属（Amphiprion），俗称小丑鱼，会和海葵形成共生现象（见图90）。

图90 眼斑双锯刺盖鱼（Amphiprionocellaris），俗称小丑鱼，与海葵共生在一起。1981年1月23日摄于太平岛，水深十二米。

由以上鱼类在空间分布上的差异以及隐蔽场所的类型变化，可以推测环境因子，如水的深度、光照强度、海浪的大小等等，对鱼的影响很大。像这种鱼类间的空间分配是演化上适应的结果。根据实际潜水观察也可以发现：通常一个空间之内有愈多可供隐蔽的场所，生存其内的鱼种也就愈多些，当然这是指在一个稳定的环境而言。

选择栖所的两种倾向——特化或普通化

有些鱼类的一生都是在同一栖所中度过，也有些鱼类会随着发育时期的不同而改变场所。这个现象可以用雀鲷科中光鳃雀鲷属（Dascyllus）的鱼类来说明。本属的鱼在台湾海域目前较常见的有三种，亦即琉球光鳃雀鲷（D.aruanus，见图91）、三点

图91 琉球光鳃雀鲷生活在珊瑚丛内。1981年1月23日摄于太平岛，水深十五米。

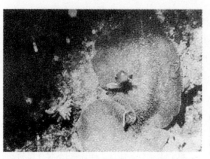

图92 三点光鳃雀鲷的幼鱼和白背双锯刺盖鱼（Amphipri onsandracinos）共同生活在海葵的触手上。

光鳃雀鲷（D.trimaculatus）以及网纹光鳃雀鲷（D.recticulatus），其中后两种分布较广，琉球光鳃雀鲷则多见于南部海域，南沙太平岛的数量则非常多。这三种光鳃雀鲷都有像浮游生物一样的幼鱼期。其中琉球光鳃雀鲷的幼鱼长到身体全长为7~9毫米时，开始定居在一些珊瑚丛中。这些海桩纲或鹿角珊瑚属的珊瑚会形成多枝的群体，在外形上看起来好像一个多出来的平头状物，所以也称为珊瑚头。这种雀鲷一生就在这些珊瑚丛中生长，并且繁殖后代。网纹光鳃雀鲷在这方面的习性，和琉球光鳃雀鲷相类似。而三点光鳃雀鲷在幼鱼期也定居在这些珊瑚丛里，只是选择栖所的方式并未像琉球光鳃雀鲷那样特化。三点光鳃雀鲷的幼鱼有时会在魔鬼海胆（Diadema setosum）的硬棘之间生长，也有时候会在海葵的触手间生长（见图92）。当三点光鳃雀鲷的幼鱼长到全长约为30~40毫米时，离开它们的共生体，如海胆、海葵等，而每这几十只聚集在一起，生活于珊瑚丛之间。当长到50~70毫米时，年轻的三点光鳃雀鲷则聚集成群，在珊瑚礁间巡游或绕着礁壁游来游去。这种改变栖所位置的情形是随着发育而来的，长大后这些三点光鳃雀鲷可能和荧光光鳃雀鲷、金花鲈（Anthias squamipinnis）等组成一个社会。这些鱼都只把珊瑚丛当做避难所，平时各鱼之间和谐地掠食周围的浮游生物，遇到危险时则一起仓皇地逃到珊瑚丛里。这是一个许多鱼种共同利用一个栖所的例子，也表现了鱼种间的一种社会行为。

此外，六线雀鲷（Abudefduf vaigiensis，见图93）也提供了一个随着发育而改变栖所的例子，这种雀鲷在其黄绿色的背部横贯了六条蓝色的带子，在台湾北部海域里相当常见。当这种鱼长到10～30毫米时，经常生活于浅的亚潮带或潮间带的珊瑚礁穴之中，在遮蔽物的暗影下独居过日，其间偶尔也和其他鱼种的幼鱼杂处成群。当它长到40～50毫米时，会愈聚愈多，在

图93　成群的六线雀鲷在珊瑚礁区巡游。

行为表现上就好像三点光鳃雀鲷一样。当其生长到100～110毫米时，会聚到100～200只，游到礁区之外，成群遨游。这时期，只有在夜间避难时才会躲到珊瑚礁内。

由以上的例子可以知道：即使是关系很相近的鱼种，也演化了两种不同的空间分配类型。其中一种如琉球光鳃雀鲷，在一生之中只利用了一种特定的空间，可以称为栖所的特化者，为了维护它们的生存空间，避免其他鱼种进入它们

所占有的栖所，它们必须具有强烈的领域行为，因此无论是在种内或种间，琉球光鳃雀鲷是一个十足的"保家主义者"。

另外一种如三点光鳃雀鲷或六线雀鲷所表现的，它们随着鱼体的成长，所拥有的行为和社会性随之改变，因此对于空间的利用情形也就更加复杂。这类鱼种在一生中可以利用几种不同的栖所，同种鱼里不同年龄的个体间的竞争也因而降低，所以生存的机会也就相对增加。这种鱼，我们可以称之为栖所的普通化者。

第一类栖所特化者对环境较为熟悉，觅食也就较为容易，它们经常好像成立小家庭一样成双成对地生活。不过在珊瑚礁这样一个资源丰富的地区，这种利益显得微不足道，重要的是像琉球光鳃雀鲷自踏上珊瑚丛的第一天起，就得面临无情的竞争，这使得这种雀鲷的个体数量受到很大的限制，并且它们之间的领域防卫行为也多消耗很多能量，这些是栖所特化者的通病。至于第二种栖所普通化者的结局则与此大相径庭了，它们大的有大的栖所，小的有小的栖所，使得不同年龄的鱼能够分散开来，种内的竞争因此减少很多，所以它们能够生存，并且发展成很大的鱼群。我们在台湾四周海域实地潜水观察时，可以发现只在有珊瑚丛的地方才偶尔可以看到琉球光鳃雀鲷，而在同一地区却经常可看到三点光鳃雀鲷或六线雀鲷在成群游荡。如果我们要投放人工鱼礁，也得将这种鱼类利用空间及栖所的生态行为纳入考虑。前面所提的栖所的特化者在面临变动较大的环境时，还得度过很危险的阶段。因为它们和其他生物间存有的共生关系，是演化上的一个陷阱，万一它们栖所的质和量发生变化，立刻会对它们的族群发生不良影响。如果海域内的海桩纲（Stylophora）珊瑚的群体因受污染而死时，琉球光鳃雀鲷就得因为缺乏栖所销声匿迹了。

活动场所因日夜而异

在海洋环境内，时间与栖所的利用之间有很大的关系。特别有趣的是一些鱼类在日间或夜间会占有不同的空间或栖所，这称为栖所的日夜性变换（day-night changeover），最简单的是发生于拟金眼鲷（*Pempheris oualensis*）身上的例子。白天的时候，拟金眼鲷成群躲在珊瑚礁下方的礁穴或罅隙之中（见图 94），到了晚上，这些鱼成群地往外游出，到了栖所外头，就开始分散觅食，它们摄食的是一些大型的浮游生物。有些拟金眼鲷白天居住的地方也住有金鳞鱼或天竺鲷，

图 94　成群的拟金眼鲷在白天躲在洞穴里。

它们同属夜行性的鱼类。但是到了晚上，这些夜行性的鱼类的栖所就被金花鲈、光鳃雀鲷、蝶鱼、隆头鱼等占用了。一般占用的次序是隆头鱼在太阳刚下山时就躲进去，然后是蝶

鱼，然后是粗皮鲷，然后是鹦哥鱼，雀鲷则在较晚的时候进入。当天快亮时，夜行性的鱼类开始返巢，这时巢内和巢外的鱼类之间会发生一些竞争行为，日行性的鱼类逐而被挤出巢外，夜行性的鱼类则重新占有它们的栖所。当太阳快要东升的那一刻，栖所中充满了日、夜行性鱼类的族群。而在傍晚太阳下山时，它们的活动情形则刚好逆转过来，这真是鱼类生态上的一个有趣场合。

投放人工鱼礁——人类提供空间增加鱼获的例子

以上所谈鱼类对空间和栖所的使用方式，也可应用到海洋牧场的经营方面。一般来说，如果一个海域里栖息在礁岩中的鱼类统统被清除掉，很快地这个区域内的鱼类又会恢复过来。因为在一个稳定的环境中，生物对空间的需要会慢慢地产生，于是只要提供新的空间来满足这个需要，很容易便能提高这个环境中的生物量。投置人工鱼礁是增加鱼类生活空间的一个有效方法。根据笔者等调查研究的结果，投放在天然礁区外空旷砂地上的人工鱼礁，效果特别好。主要原因是这些区域内可供作栖所的场所太少了，对于鱼类而言，寻求空间与栖所的需要也就特别强烈，因此当这新的生态因子加到这种海域时，会剧烈地增加环境的复杂程度，此区域内鱼类相的歧异性也就随之提高了。不过在设置人工鱼礁时，还需要考虑设计各种不同样式的礁体，以满足不同年龄个体的需要。因为当一般幼鱼面对成鱼占满了栖所时，生存的机会会减低很多。因此，当务之急是设计出一种既坚固而又能提供各型鱼类栖所的礁体，以避免幼鱼和成鱼之间为栖所而发生竞争。这点也是需要对各型人工鱼礁加以评估的一个原因。

根据实地观察，当礁体投放入海中之后，先会吸引一些表层性的鱼类，如鲹、圆翅燕鱼等。过了一阵子，海里的幼鱼群会漂浮到此，同时，礁体的表面会滋生许多藻类，定栖性的鱼类如石斑（Serranidae）亦开始迁入礁区。在空间与饵

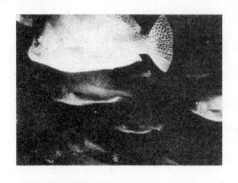

图 95　成群的花软唇（Gaterin cinctus）在人工鱼礁区聚集。

料这两种生态因素同时增加的情况之下，成群的笛鲷（Lutjanidae）、石鲈（Pomadasyidae）（见图 95）、臭都鱼（Siganidae）、秋姑（Mullidae）等等聚集在此，使得礁区形成了一个鱼种复杂而生物量又惊人的鱼类群社。

同一空间内不同鱼类的共存

前面已经讨论了同一种鱼在不同年龄个体之间，对空间的利用情形。这里将讨论的是在同一个空间之内，许多种鱼共存的机制，说起来这还是鱼类生态学上一个崭新的课题。1976 年，在康奈尔大学有一场风云际会，会中专门讨论鱼

类群社结构的类型。其中，对鱼种之间共存现象的解释，约略可以分成三个派别。

第一个派别以纽约自然历史博物馆的史密斯（C. L. Smith）为主。他认为在一个珊瑚礁的鱼类群体里，可将鱼种依体形的大小分成许多阶级。由于鱼种间的竞争使鱼体的成长受到限制，因此，这些阶级是竞争的结果。当群体中有鱼死亡或往外迁移时，所腾出的这个位置将由竞争能力较强的鱼种所占用。仔细分析这一派的理论，可以说鱼种之间的共存，乃是经过竞争之后的结果。

第二个派别是以澳大利亚悉尼大学的谢尔（P. E. Sale）为主。他以雀鲷科的鱼类和一些居住在独立珊瑚丛的鱼类做实验，结果认为的确可利用空间的大小限制该群社中鱼种的数目，而对于利用同一种空间的鱼种而言，先占到位置的则先赢。面对这样的一个生存问题，许多珊瑚礁鱼类适应出如下的生存方式：有一个长的繁殖期，并且繁殖出很多漂浮性的幼鱼，使这些后代有较大的机会占到合适的生存空间。这种情形也好像抽奖大会一样，生活空间相同的鱼种各有一券，至于谁中奖，就得靠几率了。前面提到有许多琉球光鳃雀鲷和网纹光鳃雀鲷一起生活在同一个珊瑚丛里，也许就是履行这种空间分配方式的结果。而珊瑚礁区鱼种的歧异性会这么高，也可以说是这个原因演变成的。

第三种则是纽约福特汉姆大学（Fordham Univers, Ey.）的戴尔（G. Dale）所提的，他举天竺鲷为例，认为有些鱼已经具有本身独特的生活空间，但是当别处另有空间，虽然不完全符合它的需要，但也还可生存时，它那漂浮过去的后代会停留在该处营生。当这种情况也发生在许多其他鱼种身上时，不同的鱼种就因此可能共存在同一空间内，不过，这个空间却都不完全适合它们。它们共聚在一起，只是一种偶然。既然都不怎么适合它们，所以它们之间，也没有什么好竞争的。

综合上述三种理论，可以看出第三种，也就是戴尔的理论似乎可以沟通前两种理论。也就是说，当鱼种所占的是本身独特的生活空间时，鱼种之间的共存现象尽可能是竞争后的结果。但是当所占的空间并不完全适合她们所需时，共存则是逢机的结果。若往更深一层探究，如果鱼种失去它的独特生活空间时，就必须转而依赖那些原先并不完全合适的空间了，于是原先以逢机方式结合起来的共存鱼类之间，也将发生起竞争行为来。不过这可不是几百年、几千年就可以看出来的！

以上所谈的是关于珊瑚礁鱼类的空间分配问题，目前有些理论仍在发展之中，仍需要更严密的实验来证明。由于这类调查与实验工作，大都要配合潜水实地进行，想一想在这世界上最复杂、最美丽的景观里，要找出一个规矩来，是相当具有挑战性的。在所有珊瑚礁鱼类里，棘鳍首目（Acatho-pterygii）的鱼种占了大部分。棘鳍首目的鱼类约在 1 亿年前的白垩纪出现于珊瑚礁区的栖所，经过 5000 年前的始新纪

（Eocene）时的一次爆炸性演化，始形成今日珊瑚礁区的鱼类类型。这些鱼类经过长期的演化，对于栖所的选择，不但各有其特殊的习性，即其所食饵料的种类，也多有所不同，所以谈起珊瑚礁鱼类的空间分布，也只能说是了解一部分的鱼类行为而已。

小灰蝶与蚂蚁的共生

□詹家龙　杨平世　徐堉峰

在弱肉强食的自然界中,聪明的小灰蝶凭借着祖先赋予的本领,和蚂蚁建立了一种奇妙的亲密关系,且看它们如何化敌为友?

自然界中,物竞天择,适者生存的法则主宰着一切生物的生杀大权,所以如果想在这弱肉强食的世界里占有一席之地,就非得要有一些绝活才能趋吉避凶。一般来说,动物对于掠食者往往是敬而远之,但在节肢动物里,却有不少种类反其道而行。和蚂蚁这类极度排他、且具有相当强大防御能力的社会性昆虫亲近,这些动物被我们统称为"喜蚁动物"

（myrmecophiles）。

一项不争的事实是：蚂蚁并不会对这些外来的客人不利，相反地你会惊异于蚂蚁对这些侵入者的热诚以待，蚂蚁不仅允许它们的侵入，有时候还会养育它们，一如己出。所以这些喜蚁动物必定是解开了蚂蚁个体间沟通的密码，因而获得能和蚂蚁"交谈"的能力。而具备此种能力的蝶类目前已知的有小灰蝶科（Lycaenidae）和小灰蛱蝶科（Riodinidae）。

其中小灰蝶科是喜蚁动物中一个主要的类群，它们和蚂蚁维持共生关系的目的，主要是为了要获得保护。小灰蝶之所以能够和蚂蚁建立共生关系，主要是因为在它们身上具有许多喜蚁器官（myrmecophilous organs），这些器官大致上可分为三大类：

一、蜜腺（dorsal nectary organ，见图96）：可供蚂蚁取食，因此而获得蚂蚁的保护，这和蚜虫分泌蜜露的作用相当。

二、触手器（tentacle organ，见图97）：功能仍无定论，

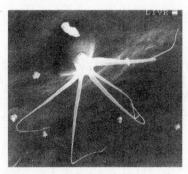

图96　白雀斑小灰蝶蛹上面的喜蚁器——水螅状毛。

图97　淡青雀斑小灰蝶幼虫身上的喜蚁器——中央的大型腺体为蜜腺，周围则有许多蕈状感觉毛。

且随着不同种类可能会有不同的功能。目前推测其功能有：（1）具有标识气味的作用，告知蚂蚁自己能产生蜜露供它们取食。（2）如果蚂蚁过度频繁想要获得蜜露，触手器会分泌挥发性物质，干扰蚂蚁索食，避免蜜露被过度利用。（3）分泌忌避物质，以避免其他小型昆虫窃取蜜露。（4）幼虫在受到蚂蚁刺激时，触手器会扩展开来，此时围绕在旁边的蚂蚁会被激化，并尾随小灰蝶幼虫离开巢穴到寄主植物上取食。幼虫并不时快速且不断地扩展、缩回触手器，分泌挥发性物质，以确保蚁群们和它一起前进，因而获得它们的保护。在分析该物质的成分后得知，其和蚂蚁本身所分泌的警戒费洛蒙有相似的成分。

三、钟状孔：一些不具上述两种腺体的小灰蝶幼虫仍然有蚂蚁照顾，可能和幼虫表皮特定区域上的许多表皮腺体（epidermal glands）所产生的诱引物质有关。而蚂蚁用触角接触小灰蝶身体上特定区域的时间，比接触其他区域的时间来的多，在这些区域，有许多细小的表皮腺体，其他地方则很少或没有，这些表皮腺体称为钟状孔，会分泌挥发性的气体。有时候，蚂蚁专注在这些腺体上的时间，甚至超过对蜜腺和触手器的关注程度。以气相色层分析法分析小灰蝶与蚂蚁幼虫的化学传信物质（chemical cues）后，发现两者的成分极为类似。

分析小灰蝶与蚂蚁间共生关系的形式后，可发现大多数小灰蝶的幼虫期仍为昆虫，它们身上的蜜腺会分泌蜜露，供蚂蚁取食。蚂蚁则保护他们，使其免受寄生蜂等天敌的威胁，双方各取所需，可说是宾主尽欢。不过此类小灰蝶即使在没有蚂蚁的状况下，仍能完成整个发育过程，我们称此为巢外的非绝对性共生（facultative mutualism）。

在整个小灰蝶与蚂蚁间共生关系的演化历史中，仅有少数种类小灰蝶在幼生期的一部分或全部时期能够在蚁巢中度过。其中蓝小灰蝶亚科（Polyommatinae）中的大蓝小灰蝶属（Maculinea）、黑小灰蝶属（Niphanda）、雀斑小灰蝶属（Phengaris），具备此种特殊的巢内绝对性共生关系（obligate mutualism）。其中雀斑小灰蝶属中所包含的两个种类在台湾皆有分布，以下笔者便针对这两种蝶类的生态——加以介绍，一窥巢内绝对性共生关系的特性。

根据美国学者艾利欧特（J. N. Eliot）的分类处理，雀斑小灰蝶属被归于：鳞翅目（Lepidoptera），凤蝶总科（Papilionoidea），小灰蝶科（Lycaenidae），蓝小灰蝶亚科（Polyommatinae），蓝小灰蝶族（Polyommatiini）；甜灰蝶属（Glaucopsychegroup）、雀斑小灰蝶属（Phengaris）。本属目前仅有淡青雀斑小灰蝶 P.atroguttata（见图 98）及白雀斑小灰蝶 P.daitozana（见图 99）两种。

图98　淡青雀斑小灰蝶　　　图99　白雀斑小灰蝶

动物与生态

图100 淡青雀斑小灰蝶的
中间寄主植物，唇形科的
风轮菜。

图101 白雀斑小灰蝶的中间寄主植物，龙
胆科的台湾肺形草。

淡青雀斑小灰蝶翅长（wing length）在 22～24mm 之间，雄蝶翅膀背面为水蓝色，雌蝶蓝色鳞片的分布范围则集中于翅基处。而在它翅膀腹面的许多独特的大型黑斑，是我们在野外辨识本属蝶类时的重要特征。白雀斑小灰蝶的形态和淡青雀斑小灰蝶类似，差别在于翅膀背面为白色，且腹面黑斑

图102 孵化后的淡青雀斑小灰蝶幼虫
会躲入花苞内取食花部。

图103 白雀斑小灰蝶幼虫孵化后
会潜入花苞中取食。

较小，因而使得黑斑间的距离较远。

本属为东方区的特有属，白雀斑小灰蝶是台湾特有种，其分布范围遍及全岛1400~1800米的海拔山区，但在2300米的梅峰也有少量的分布；淡青雀斑小灰蝶是广布于中国西南方、华南到台湾的种类，在台湾则分布于全岛1400~2400米的中海拔山区。两者皆属一年一代的蝶种，淡青雀斑小灰蝶发生期为六至八月间，白雀斑小灰蝶出现时间则晚了大约两个月。

淡青雀斑小灰蝶幼虫是以三属四种唇形科（Labiatae）植物为中间寄主，这四种分别是：风轮菜（*Clinopodium gracile*，见图100）、疏花塔花（*C.laxiflorum*）、蜂草（*Melissa axillaris*）及毛果延命草（*Rabdosia lasiocarpa*）。白雀斑小灰蝶幼虫已确定的中间寄主植物为龙胆科（Gentianaceae）的台湾肺形草（Tripterospermum taiwanense，见图101）。

这两种雀斑小灰蝶皆偏好将卵单颗产在中间寄主植物的花苞上，但白雀斑小灰蝶偶有同时产多颗卵的情形。幼虫孵化后会很快地躲进花苞内（见图102、103），并以花部为食。淡青雀斑小灰蝶在脱两次皮后也就是三龄幼虫，此时幼虫身上的蜜腺已发育完成，可分泌蜜露，其他的喜蚁器也已发育完全，而白雀斑小灰蝶则一直要到四龄幼虫（图104），喜蚁器才会发育完全。

此时它们会离开中间寄主植物降落到地面，准备进入蚁巢，我们称此阶段为收养期（adoption period）幼虫。这时候也是幼虫生死存亡的重要时刻，因为如果它们不设法进入蚁巢，会在二至四天内死亡。
在收养期间，雀斑小灰蝶属
与家蚁属间行为互动模式为：
当家蚁发现幼虫时，会先以
触角探索幼虫，此行为会引
发小灰蝶幼虫分泌蜜露。很
快地家蚁会开始开怀畅饮蜜

图 104 白雀斑小灰蝶四龄幼虫停止取
食台湾肺形草，准备要进入寄主蚁巢。

露，但实际上，这只是小灰蝶幼虫所布下的陷阱，因为接下
来所引发的幼虫扩胸行为，会使得家蚁如着了魔般的开始探
索它的胸部，然后它会如获至宝般地咬住幼虫胸部，将之带
回蚁巢中（图 105）。但令人讶异的是，看起来有如软糖般
可口、鲜嫩欲滴的白雀斑小灰蝶幼虫，却无法引起家蚁太多
的注意力，纵使它使尽法宝，家蚁还是有一搭没一搭的！

据笔者推测，白雀斑小灰蝶绝大多数个体可能是借由自
己的搜寻而进入家蚁巢内。而欧洲的一种大蓝小灰蝶（*Maculinea teleius*）幼虫，则有可能根据寄主蚁的追踪费洛蒙找
到寄主蚁巢。

诡计得逞的雀斑小灰
蝶幼虫在进入蚁巢后，肥
嫩多汁的家蚁幼体期便成
为雀斑小灰蝶幼虫的营养
午餐（见图 106、107），但
是寄主蚁并没有因此而谴

图 105 寄主蚁取食淡青雀斑小灰蝶收养期
幼虫的身上的蜜露，引发幼虫产生扩胸行
为。此行为会使得寄主蚁产生收养行为。

责雀斑小灰蝶幼虫的暴行，仍然若无其事般大口接受小灰蝶幼虫的贿赂。此种现象，如以人本观点看来，颇有卖子求"荣"的意味在。这种人神共愤的行为，直至前蛹期仍可观察到。

图106　淡青雀斑小灰蝶幼虫取食寄主蚁的幼虫。

图107　越冬后的白雀斑小灰蝶幼虫开始取食寄主蚁幼虫。

淡青雀斑小灰蝶除了会取食寄主蚁的幼体期外，也会经由接触寄主蚁的口器，来引发它的喂食（见图108），此种行为被认为是在模拟蚂蚁幼虫的乞食行为（begging behaviour）。像这种在生活史中不同时期会改变寄主的现象，我们称之为寄主转换（host shift）。

终龄幼虫在吃完最后的晚餐之后，仿佛早已被设定好的程式般，开始偷偷地向蚁巢出口处逼近，然后选择一个最有利的位置化蛹（图109、图110），以便成蝶羽化时，能以最快的速度离开蚁巢。因为在没有"喜蚁器"护体的情况下，原来和蔼可亲的"蝶友"就会变成可怕的"食蝶族"！劫后

图108　淡青雀斑小灰蝶幼虫的乞食行为。

图 109　淡青雀斑小灰蝶将蛹化在寄主
蚁巢表面

图 110　白雀斑小灰蝶亦化蛹在蚁巢
表面

余生的小灰蝶会迅速地找到攀附物，以便伸展它的翅膀，迎接外面缤纷的世界（图 107）。

　　根据我们近两年来的研究显示，淡青雀斑小灰蝶会和阿里山家蚁（*Myrmica rugosa arisana*）及蓬莱家蚁（M.formosae）产生共生关系。白雀斑小灰蝶则只和蓬莱家蚁

图 111　初羽化的淡青雀斑小灰蝶

有共生关系。由此可知要维持巢内共生关系的代价，就是要专化（specialization）。

　　有学者推测大蓝小灰蝶属的幼虫之所以能成功进入蚁巢内，和蚂蚁建立共生关系，是因为它们能够分泌类似蚂蚁用以辨识自己幼虫的接触费洛蒙（touch pheromone）。尔后此论点亦获得其他学者支持，但都仅止于一些行为观察后所推演出来的假说，而缺乏有关化学成分分析的直接证据。

　　另外，亦有学者推测大蓝小灰蝶属幼虫所分泌的物质，为家蚁属接触费洛蒙中的基础费洛蒙（basic pheromone），此

种物质具有属（genus）阶层的专一性，而试图解释收养行为之成因，但此说法仍有不少盲点存在。

如果就小灰蝶与蚂蚁共生关系的发展历程看来，或许家蚁的收养行为仅代表着一种互利式的养育，而非拟态家蚁幼虫：家蚁将雀斑小灰蝶属幼虫带回蚁巢，雀斑小灰蝶属幼虫则供给它们蜜露。此种现象在同为蓝小灰蝶族（Polyomma-tiini）中的银边蓝小灰蝶（*Plebjus argus*）也可见到，它同样仅能被单一种寄主蚁所接受并带回巢内，它的差别仅在于银边蓝小灰蝶仍为植食性，而雀斑小灰蝶属及大蓝小灰蝶属则有寄主转换的现象。这暗示着雀斑小灰蝶及大蓝小灰蝶的共祖，也可能有着类似银边蓝小灰蝶的生态习性。

在国外有很多大蓝小灰蝶族群锐减，甚至灭绝的例子。如英国的大蓝小灰蝶（*Maculinea arion*），在中间寄主植物及寄主蚁仍然很丰富的情况下，却在 1978 年宣告灭绝。此事引发学者广泛的讨论，他们认为其中一个可能的原因为：人为的干扰造成微气象（micro climate）因素暂时性的改变，因而造成寄主蚁的死亡，或植物相暂时性的改变。等到环境恢复后，和家蚁有绝对性共生的大蓝小灰蝶早已不存在了。所以此种极度专化的绝对性共生，会使其对环境的变迁异常敏感。

而类似的情形亦在美国的旧金山重演：当地沙丘上的泽西斯蓝小灰蝶（*Glaucopsyche xerces*）由于人为的干扰，使得微环境产生变化，因而使小灰蝶的发生期和环境的改变不能同步，于是便造成生物栖域的流失（biotope loss），连带使它的族群量急遽减少。研究人员在实验室中饲养泽西斯蓝小灰蝶后，发现它们为一年一代的种类，除了和寄主植物的生长期有很密切的关系外，还会和蚂蚁有共生关系。但是却在人们了解它们的共生关系形式前，泽西斯蓝小灰蝶便已灭绝了，只留下344只标本供后人凭吊！

在台湾地区，我们经常可看到公路旁在进行大规模的除草，如此一来，便使得偏好生长于林缘处的雀斑小灰蝶中间寄主植物，遭到砍除的命运。此种暂时性的破坏对雀斑小灰蝶属的影响，可分为以下几个层面：

一、除草虽不一定会造成寄主植物的死亡，但由于雀斑小灰蝶属偏好将卵产在花苞上，如此一来势必因除草而降低它们的产卵量。即使雌蝶勉强将卵产在其他部位，孵化的幼虫也会因为找不到花苞可取食而死亡。

二、微气象因素的改变：除草后造成地表暴露在阳光的照射之下，势必使得温度、湿度产生剧烈的变化，因而造成寄主蚁的适应不良或死亡。此外也可能因此导致处女蚁后迁移至其他地点筑巢，导致雀斑小灰蝶属栖地上缺乏寄主蚁的存在。

1996年8月，太鲁阁公园境内的碧绿神木进行了大规模的公路除草，大量的蜂草、塔花及疏花塔花遭到腰斩的命运，但此时却正值淡青雀斑小灰蝶幼虫的取食期。当日笔者便观察到一只雌蝶将卵产在被砍除的蜂草花苞上，可以想见的是，大量的幼虫会因此而死亡。1997 年 2 月，当笔者前往北横支线上的突陵进行调查时，赫然发现绿意盎然的地植物，早已被柏油路面所覆盖。

而根据笔者本身多年在梅峰、碧绿神木所进行的非正式观察，淡青雀斑小灰蝶近年来的分布范围及族群量，似有急剧减，甚至及萎缩的现象，其原因应和除草行为及公路的拓宽有直接的关联性。但由于缺乏长期性的调查，上述断言是否为真，尚待时间来证明。

最后笔者提出以下几点，阐释它们之所以必须加以保护的原因：

一、雀斑小灰蝶特殊的生活史，使它们对环境的变动极为敏感，任何一个环节的缺失，都将造成几近全面性的灭绝。

二、雀斑小灰蝶属分布范围局限于中国南方，其中白雀斑小灰蝶更是仅见于台湾的特有种类。基于维持生物多样性的保育理念，更应当保育它们。

三、雀斑小灰蝶属在探讨蚂蚁与小灰蝶之间共生关系的演化，及其与大蓝小灰蝶属间亲缘关系的探讨上，有极高的学术价值。

四、雀斑小灰蝶属族群量的锐减并非特例，实际上许多以林缘带地被植物为寄主的蝶类，普遍皆有相同的危机。根据笔者近五年来持续性前往中横东段的毕绿溪观察后发现：以生长于路旁的菫菜科植物为食的绿豹斑蛱蝶（*Argynnis paphia formosicola*），数量已急剧减少。原本在埔雾公路的雾社至翠峰路段，有庞大族群量的纹黄蝶（*Colias erate formosana*），在 1991~1994 年间突然消失，直到近两年才又逐渐有一些零星个体被观察到。所以如果我们能确保雀斑小灰蝶属的生存，其他依赖林缘带地植物为寄主的生物，特别是前述两种蝶类，可因此连带获得保护，所以雀斑小灰蝶可说是具有"护伞种"（umbrella species）的功能。

五、即使环境的破坏不至于导致雀斑小灰蝶属的灭绝，可以肯定的是，它们的族群至少会因此而减少。或许昆虫对于最小族群量的要求相对于哺乳动物要来得宽松许多，但由于它们的族群量在萎缩的状态中，有朝一日当它们受到大量的人为捕捉，其影响便会有放大作用。而且就保育的观点看来，除草本身便是对自然环境的破坏，就深层生态学（deep ecology）的角度，这和猎杀一只台湾云豹是没有什么差别的！

急湍中的鱼类生态

□ 曾晴贤

动物与生态

鱼类是终其一生必须靠水而活的生物。在地球上，水的分布从南北两极到赤道，从 6000 米的高山到 10000 米的深海，每个地区的生活环境均不一样。因此，鱼类依其所能适应的生活条件而生存于不同的水域中，其分布可以从高地的湖泊到幽黑的深海，也可以从冰冷的极地到温暖的热带水域。但是在不同的生活环境中，所能生存的鱼类均不相同。例如深海的鱼（angler fish）必须适应 10000 米深海中压力高达 1000 帕斯卡的气压，而某些鱼类如大肚鱼(top-minnow)，只能在浅水仅及膝的沼泽中生活。不仅是对于压力的适应力不同，同时对于盐度及温度等不同的环境因子，也有不同的适应情形。鱼类生活环境的生物性条件之差别也很大，它们必须寻求喜欢的食物，躲避一些掠食者的攻击，因而影响它对于居住环境的选择。

选择一个极有趣的题目，探讨那些居住在流速可能达到每秒两米以上的湍急河川中的小生物，它们为什么要在那种环境中生活？当你看到溪水冲击河床中耸立的岩石，激起雪白的水花，轰隆地往下冲时，有没有想到水下有着奇妙的生物呢？

鱼类是脊椎动物中种类最多的一类（超过两万种），大多数生活于广阔的海洋中。而生活于淡水中的鱼类，因为陆地上的水域分布情形差异很大，湖泊、小潭、大江、小溪，各有不同的生物群落，如鲤鱼（common carp）、鲌鱼（*Culter sp.*）、吴郭鱼（*Tilapia sp.*）等，由于本身的游泳能力及摄食习性而适合栖息于静止的湖水或是流速缓慢的河川中。鳟鱼(trout)、平颌（*Zacco platypus*）等，喜好清澈的急流。当然，也有很多种鱼可以生活在深潭中，也可以游荡在急湍中，如高鮰鱼（*Varicorhinus alticorpus*）。这类鱼在急流中，是以本身优越的游泳能力来抗拒流水的冲击，但是它不能持久地抗拒这股持续的压力，就像我们顶着一股强风而立，十分费劲！然而要是能够攀着一棵大树，或是平贴在地面上，就会觉得轻松多了。有些聪明的鱼类都已经学会了如何攀在一个大石头上或者匍匐在河床上。虽然它们没有尖锐的牙齿、有毒的刺，或是厚实的盔甲，却可以快活地生存于较安全的地方，而不必担心有敌害！

对于生活于急流的鱼类而言，无可置疑的是，强大的水流是最重要的环境因素，它除了可提供别的侵略者无法到达的避难所之外，也可供应充足的溶氧（dissolved oxygen），以及较低的水温。另外，在那些清澈的山涧中，也有较佳的食物。

急流中的鱼类

台湾岛的山区多于平原，河川多急濑，一般均发源于寒冷的高山中，河水往往如万马奔腾般灌注到大洋。在山区的河川中，大多数的地形是渊、濑交替（见图 112）。渊中居住的鱼类种类较多，而纯粹居住于湍濑中的鱼类，仅有少数几科，如虾虎鱼科（Gobiidae）、平鳍鳅科（Homalopteridae）和溪鳢科（Rhyacichthyidae）。其中虾虎鱼科的鱼除了在急流中生活外，深潭、缓流、浅池中也可以生存，适应力极强。这一科的鱼均不大，一般的体型在 5 厘米左右，很少有 10 厘米以上者，其身体的最大

图112 典型的台湾河川及峡谷。台湾河川较短促，奔流于陡峭的山岭之间，河床中巨石交错罗列。河流坡度极大，水流快速奔腾，形成典型的急濑。本图摄自南横公路利稻桥下。

特征是腹鳍在胸鳍的下方，特化成一个圆盘状的吸盘。这个腹鳍虽小，却有莫大的功效，可以将整个身体悬挂在石头上，甚至它可以安全地倒挂在你的手指头上，而不怕掉下来！这一科的鱼类除了栖息于淡

图113　日本光头鲨的腹面图。其口部下位，适于啃食岩石上的藻类和水生昆虫。中央部位的圆盘是腹鳍特化而成的吸盘，虾虎科鱼类均有此种构造，用以攀吸附着。

水河川外，也可以在汹涌巨浪冲刷的光滑礁岩上，安稳地享受日光浴，不用担心会被突来的暗浪冲下海去（见图113）。

鰕虎鱼

　　常见的鰕虎鱼，有川鰕虎（Rhinogobio similis）、极乐鰕虎（Rhinogobio gurinus）、日本秃头鲨（Sicyopterus japonicus）等。每种鱼均有一个腹鳍吸盘，其中以日本秃头鲨最厉害，它能由海里一直往河川上游爬，在河中吃水生昆虫的幼虫，凭着上下颚的两排门牙，无往不利。日本秃头鲨和极乐鰕虎都是由海洋溯河而上的过路客，日本秃头鲨最喜欢干净清澈的河川，倘若河川受到污染，它就会消失踪影。如果你到碧潭以上的新店溪钓鱼，可以问问河流附近的人家，最近有没有捉到过和尚鱼？和尚鱼就是日本秃头鲨，因为它的头顶光滑而圆。日本秃头鲨原是新店溪中仅次于香鱼的珍贵鱼类，可惜因为淡水河下游的污染，使得它都跑到南部的河流里去

了。昔日，日本秃头鲨在每年的春天，都会由海中溯河而上，在山区的各个急濑中成长。它利用有力的腹吸盘，爬过陡峭的瀑布，一直到达河川的源头。

川鰕虎可以说是土生士长的鱼，一生都在淡水中生长。虽然它和日本秃头鲨一样，在急流的地方生存，但是就其一般习性而言，它比较喜欢稍为平缓的河流，也可以生活在平静的潭中，吃一些长在石头上的藻类，以及附着在石头上的水生昆虫的幼虫。

平鳍鳅

第二类鱼是平鳍鳅科的鱼类。顾名思义，这些鱼像泥鳅一样，在嘴部有短须，身体两侧的胸鳍和腹鳍往两旁平伸，极像有个小翅膀。这类鱼是急流区的典型居民，因为它的一生都在这种环境中度过。平鳍鳅科的鱼类起源于喜马拉雅山区，只分布在中国、印度、中南半岛、马来西亚、加里曼丹岛一带。这些地区的河川坡度极大，往往在极短的 1000 米之中，落差可达 200 米，所以常会造成瀑布或是奔腾的急流。河流的源头均系冰雪之地，融化的雪水汇成冰冷的河水。台湾虽然没有终年积雪的高山，但是在冬季，海拔 2000 米以上的河流中，水温一般均在 0~4℃，除了耐寒的高山蟾蜍的蝌蚪外，河中似乎毫无生气，在这种环境里，平鳍鳅还是可以安稳地生活。

本科鱼类最大的特征是胸鳍和腹鳍极度扁平而向两侧平

伸，每个鳍条之后半端有一极发达的皮瓣，每一皮瓣连在个别的鳍条之上，均有吸附攀爬的功能。这一类鱼不善于长时间的游泳，而只是在大石块上游来游去（实际上可说是爬来爬去），或者是由这一块石头迅速地跳跃至另一块大石头。爬行的时候，是左右的偶鳍交互地前进，和爬虫类在陆地上行走的姿态像极了，后退时，也十分轻松（见图114、图115）。

图114　高雄甲仙产的埔里中华爬岩鳅（Sinogastro myzon puliensis）。这是急流区中的佼佼者，如果贴在水族箱的玻璃上，想要将它拉下来，还可真不容易呢！

图115　贴在玻璃上的埔里中华爬岩鳅，可以清楚看出平而稍呈长圆形的腹面构造。腹鳍后缘愈合，对于它吸附在岩石或平板上有很大的帮助。趴在塑胶管上的是台湾平鳍鳅。

台湾山地的居民均流传着一些关于平鳍鳅的故事，其缘由莫不是因为它有特殊的生活能力。台东大关山麓的布依族将平鳍鳅称之为 Sasubinan，意思为贴在石头上的鱼。他们说这种鱼很厉害，能够攀爬瀑布而上溯至深山小涧，而且认为鳗鱼是受到这种平鳍鳅的帮忙，才能够溯瀑布而到达无人所至的溪谷。同时在台风期，山洪暴发，整个河川似翻腾般的大龙，即使有再坚强的盔甲，也不能抵挡滚石的冲力，这个时候，平鳍鳅会将其他的鱼驮在背上，而爬到岩边，安然地度过洪水期。

溪鳢

第三类鱼是溪鳢，它和平鳍鳅的体型非常相似，可是血缘关系上却相差极远。我们很容易看出它有两个背鳍，胸鳍和腹鳍同在一个上下的位置，由上往下看，还以为它没有腹鳍呢！它的腹鳍比起胸鳍要小很多，但是有一半的腹鳍互相紧靠，腹面也有一层和平鳍鳅相似的皮瓣，由于每一个鳍条紧靠在一起，因而它有很好的吸附力（见图 116）。

除了上述的三科鱼类有特殊的吸附器官，可以将身体吸附在急流区的河底之外，一些蝌蚪也有吸盘似的口器和腹部构造，而无忧无虑地在急流中生存。另外，更微小的水生昆虫幼体有着更多的附着方法，如足丝、膜瓣、纤毛、倒钩等，可以将这些小东西维系在急湍中。

平鳍鳅和溪鳢是典型的嗜急流性鱼类，可以说终生在急流中生长，因而我们可以以它们为代表，来探索一些问题。

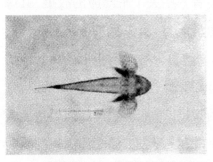

图 116　溪鳢的腹面观；腹鳍位于胸鳍之直下方，暗红色的部分是紧密的鳍条，上面有肉垫可以作为吸附的工具。这种鱼最喜欢在从高往下冲的瀑布处生活。溪鳢产于高屏溪上游的荖浓溪以及花莲的秀姑峦溪上游。

平鳍鳅由卵孵化时，全身和一般鱼类没有差异。但是随着成长，身体腹部渐呈扁平，头部也有了变化，两个眼睛逐渐朝上转，最后几乎是朝着天空。这种构造具有特殊的功能，因为它匍匐在河底，视界中以头顶上的区域最重要。口的位置也会由接近吻端而渐渐转至腹面下，口形稍呈新月状，颚部没有牙齿，而有特化的角质层，可以刮下岩石上的藻类，以及很容易地将薄、扁的水生昆虫由石头上剔下来。我们从图形看出，生活类型不同的鱼类，对于适应急流而变化的身体曲线，可以由流体力学的观点来观察其进化的情形（见图117）。最佳的体形应该是中华爬岩鳅（*Sinogastromyzon* sp.），腹部扁平，背部的曲线低而且平滑，胸鳍和腹鳍向左右平张。其胸鳍向前伸展到头部眼下，腹鳍彼此相连，所以整个体盘呈长圆形，而尾部仍

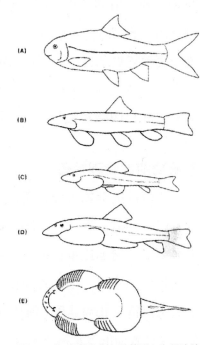

图117 （A）是高身鱼的体形，鱼雷流线型，是急流区的常客，游泳能力特佳，但是它无法停留在固定的一个地点。（B）是台湾平鳍鳅之外形。（C）是台湾石爬子的外形。（D）和（E）是埔里中华爬岩鳅的侧面观和腹面观。可以清楚看出优秀的适应体形和身体构造。偶鳍之粗线表示有肉垫的鳍条。（B）、（C）和（D）的尾部分叉情形都有一个共同的现象，下叶较上叶为长，对于帮助身体往上跃有很大的功能。

然侧扁。体盘呈长圆形，可以和石头表面紧密相贴，腹鳍后缘相连，则可以增加吸附能力。如果它贴在石头上时，你一定很难将它拔起来，唯一的办法是用竹片从底部撬起来。它的尾部很有力量，可以借着拍打而迅速地转移位置。它的胸

鳍构造和一般的鱼类不同，无法整个自由摆动，只有靠近内侧部位的鳍条会一直扇动，主要的作用是将腹面的水排出去，使得它更贴近岩石表面，腹鳍则很少摆动。它整个头部可以上下弯曲，一般鱼类则较不容易做到。口较小，但四周有较厚的口沟唇和触须，可以帮助它吸附以及寻找食物。

附着功能的物理性质

急流区的动物可以生活在很强的水流之下，主要是因为具有三个功能：第一，整个身体的构造对于水流有最小阻抗力；第二，增加比重；第三具有附着功效的机械性构造。

鱼类不停地游泳或者停在一个流动的水域时，身体对于水的阻抗依其相对速度、流体的物理特性、身体的大小和形状，以及表面的光滑度而有所不同。河川中水流最强的位置是距离底部约 6/10 水深的地方，因此鱼类不会完全遭受强劲水流的冲击。

生活在急流区中的鱼类均属于较小体型的种类或个体，因为体型太大的不易在这种环境中寻求足够的空间来隐蔽或移动。同时水流的阻抗和生物体的大小成正比，较大的个体要比小个体需要较大的力量来抗拒水流，因而较小的体型较适合在急流区居住。身体的形状对于水流的阻抗也有很大的关系，球形、陀螺形、方形或各种怪异不规则形状的鱼类，均不容易抗拒水流的冲力，游泳性鱼类的体形均是流线型，主要的功能就是使水流的阻力减至最低。平鳍鳅类的身体极为扁平，腹部极为平坦，而背面曲线的幅度在水流经过时可以减低对水流的阻抗，同时部分的分压增强了紧贴岩石的功能。平鳍鳅鱼类体表具有圆鳞，有黏液分泌于外部，可以减少与水的直接摩擦。

图118　典型的急濑区。河水急速地往下冲，受到河中巨石挡道，形成白沫滚滚。如平鳍鳅等嗜急流性鱼类即以中央之岩块为生活中心。

　　一般鱼类浮沉的功能大部分系依靠本身比重的调节，这种情形对表层性鱼类而言，主要是利用鳔。而平鳍鳅鱼类的鳔则退化了，因为如果它仍有鳔的构造，万一浮离石头上，不是会被水给冲走了吗？

　　水生动物一般用来附着的构造，可以分成四大类：一、分泌黏液，二、吸盘构造，三、抓的构造，四、钩的构造。水生昆虫的幼虫大部分会分泌粘丝，使自己固定在石头上。虾虎科的鱼类则有吸盘，而平鳍鳅科鱼类的腹鳍有特化成吸盘的功能，同时唇部也有抓的功能。另外如摇蚊科的昆虫，则有特化的足部棘毛，可以攀附在河床底部。

结语

　　达尔文在《物种起源》一书中强调，种的演化是因各种不同的特征（characters）一连串的分歧作用（divergence）而形成的。事实上，有许多学者认为，有很明显的证据可以证实演化是特征的趋同作用（convergence）而产生的。从整个平鳍鳅科鱼类的身体构造可以很明显地看出，由于环境因素影响，而有一个很完全的演化系列：由一个很简单形式的分离腹鳍构造，逐渐发展成为优异的愈合形式，这不仅是活生生的演化证据，也说明了生物在数百万年演化过程中，为了适应环境的挑战，而发生许多构造上的改变，以致形成如今多彩多姿的生物界，多么奇妙啊！

动物与生态

蛇类的生态适应

□ 杜铭章

    全世界的蛇类约有 2500 种，它们的生存环境相当多样化，海里、陆上、地下、树梢，甚至是空中都可能有它们的踪影，多样的生存环境塑造了蛇类缤纷的适应结果。

    不同生态环境的动物，其形态、行为和生理构造等，常会因应特有的栖息环境作调整，以达到适应生存和繁衍后代的目的。蛇类虽无附肢，体型都只是较简单的细长形，但也会因不同的生存环境或习性而有显著的差异。

挑战海洋

海蛇是适应海洋生活最成功的爬行动物（见图119），因为许多海蛇已经可以完全不用上岸，终其一生都在海里，海龟则仍需上岸产卵。

渗透压的调节

适应海洋生活必须先克服许多挑战，第一个问题就是体液渗透压的调整。多数脊椎动物的体液渗透压约只有海水的 1/3，海蛇的体液渗透压也是如此。所

图119　海蛇是适应海洋生活最成功的爬行动物。

以如果不能有效维持渗透压的恒定，则海蛇将会因长期浸泡在高张溶液中，脱水死亡（就像浸泡糖水的蜜饯一样脱水皱缩）。幸好海蛇表皮对水分的通透性很差，和一些淡水的蛇类相比，海蛇的表皮通透性都只有其一半以下。有些海蛇的通透性甚至只有淡水蛇类的 3%，所以海蛇体内的水分并不容易经由体表渗透到高涨的海水中。但除了水分不易流失外渗，在海洋生活等于没有淡水的补充。还好海蛇是爬行动物，它们的代谢废物是以尿酸的形式排除，需要水分不多，因此从食物中便可获取足够的水分，至于随着食物进入体内的海水或累积过多的盐类，则可以借由特化的盐腺排出体

外，海蛇在舌鞘下方有排盐的腺体，称为舌下腺，当海蛇吐信时，便可将高浓度的盐类排出体外，以进一步维持体液渗透压的恒定。其他适应海洋生活的爬行动物，如海龟、海鬣蜥和一些鳄鱼也有类似的排盐构造，只是部位不同，海龟的排盐构造在眼睛后方，称为泪线；海鬣蜥的在鼻腔，叫做鼻腺；而鳄鱼在舌头上，故名舌上腺。

潜水时间的延长

除了渗透压的调节外，延长潜水时间也有利它们在海中生活，海蛇主动潜水闭气的时间，多半在三十分钟至一小时。在强迫潜水的试验中，当水温只有 13℃时，最长可达到二十四小时。不过一般状态下，海蛇最长的闭气时间多半在五小时以内。

闭气时间直接受到耗氧量的影响，而耗氧量和新陈代谢率息息相关，爬行动物是外温动物，外温动物的新陈代谢率，只有一般内温动物的 $1/7 \sim 1/6$，所以在没有特殊适应的情况下，它们闭气的时间也大约会是内温动物的 $6 \sim 7$ 倍，如果以一般陆栖的哺乳类闭气时间约两分钟来估算，则只要是外温动物便可以闭气达 $10 \sim 15$ 分钟。不过海蛇的闭气时间经常比这个估算的值还大，因此它们显然有其他的适应机制，以延长闭气的时间。

目前已知海蛇的表皮可以参与呼吸作用，皮肤呼吸并不是海蛇特有的本领，有些淡水乌龟也能进行皮肤呼吸，少数种类从皮肤获得的氧气量甚至可以占全部获氧量的 70%。另有些陆栖蛇类如巨蚺也能进行皮肤呼吸，但获氧量所占的比例只有3%而已，海蛇从皮肤所获取的氧气量多在5%以上，最高的种类是黑背海蛇，其22%的氧气是由皮肤获得。至于二氧化碳，则可以完全经由表皮排除。

形态上的改变

在形态上，海蛇也有许多调适以利生存。例如侧扁的尾巴（见图120），使海蛇在左右摆动身躯时能产生较大的推进力，而这个特征也

图120　侧扁的尾巴是海蛇适应海洋的重要改变也是辨认它们的重要特征。

几乎是海蛇的注册商标，其他的水栖蛇类多半未演化出这样的尾巴，只有极少数的种类如东南亚的棱腹蛇（Bitia hydroides）才有侧扁的尾巴。

此外海蛇的身体也略成左右侧扁，鼻孔则有瓣膜产生，当瓣膜下的海绵组织充血时，会将瓣膜向上推起而关闭鼻孔，反之则鼻孔打开，鼻孔的位置也有上移至吻部上方的情况（图121），以利于换气。不过阔尾海蛇属的海蛇，其适应海洋的程度并不像海蛇属那样彻底。因为它们的鼻孔上移的程度不明显，鼻孔也无实际的瓣膜，只靠鼻孔周围的组织充血或失血的方式，让鼻孔关闭或打开，且不像其他海蛇已

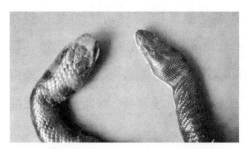

图121 黑背海蛇（右）的鼻孔已经上移至吻端，黄唇青斑海蛇（左）的鼻孔上移情况则不明显。

演化出胎生的方式。阔尾海蛇属仍维持较原始的卵生方式，所以它们需上岸在礁石缝内产卵，也因此它们腹鳞退化的程度较不明显。海蛇属的腹鳞常完全退化到只剩一小片，难以和其他的体鳞分开（见图122）。

适应沙漠

和海洋环境类似，生活在沙漠的动物，也常面临淡水补充不足的问题，爬行动物的表皮虽然已经

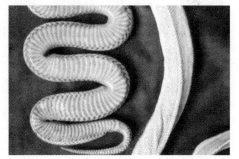

图122 黑背海蛇的腹鳞（图右中央的鳞片）已退化得难以和体鳞区分；图左为一般蛇类的腹鳞。

可以有效防止水分散失，但为了进一步节约，一些沙漠蛇类还会分泌油脂涂抹在表皮上。另外，呼吸道也是水分散失的重要管道，因此部分沙漠蛇类的呼吸频率会明显降低。

除了缺水以外，沙漠的日夜温差很大，食物量的变化也很可观。对于温差的应变，蛇类以细长的外形躲入狭小缝隙内，避开致命的温度，且细长的外形也有利于体温调节，因为借由盘绕成一团或放松开来，可以明显降低或增加表面积

来调节体温。蛇类因是外温动物（不需浪费能量在维持较高的体温上），新陈代谢率低，所以其食物的需求量很低，而蛇类有一顿吃很多，但间隔很久才需再吃一次的特性，所以也很容易适应食物量起伏很大的沙漠环境，因此沙漠中蛇的种类和数量都相当多。

沙漠的松散沙地使不同亲缘的蛇类发展出类似的适应行为和构造。用蜿蜒爬行的方式在沙地前进效果不但不好，身体和热沙接触的面积也较大，所以许多沙地的蛇类移动时，身体只有两个点和沙地接触，并快速侧身跃进，这种特殊的运动方式称为侧弯爬行（sidewinding）。为了和松散的沙子有较佳的摩擦力，它们的鳞片也多半有明显的棱脊。

沙漠的食物密度较低，四处觅食的捕食方式容易得不偿失，反而守株待兔比较有利，所以潜伏在沙地内，等待猎物靠近才袭击是常见的捕食方式，为了侦察猎物的动静，它们的眼睛多会上移至头顶或往上突起，并产生突起的棱鳞加以保护，看起来就像头上长了两个角。

潜遁地下

钻行在泥土底下生活的蛇类，自然也会因特殊的环境压力，衍生出特殊的形态构造。因为经常在地底下活动，眼睛用处不大，所以它们的眼睛都会变小，或退化到几乎看不见。为了便于穿过现成的泥土孔隙，它们的体形都有小型化的趋势。为了利于钻行，它们的鳞片也多光滑平顺（图123），

动物与生态

而不具有棱脊，以便降低摩擦力。另外，它们的嘴巴经常在吻端下方而不在前端，这样可以避免钻行时，泥土进入口中，并有利于头前端演化成较尖的形状。在没

图123　盲蛇的眼睛、体型皆小，鳞片光滑且尾部变短而钝。

有现成的孔隙可用时，它们便需要靠自己的力量向前钻行，所以头骨多变得坚硬而致密，头部变得短而尖，颈部也不明显。吻部前端的鳞片则会特化以便挖掘，细长的尾巴显然不利于协助向前推进，结果都缩短变钝。因此地底下活动的蛇类，其头尾常不易分清楚。

　　"孙叔敖埋两头蛇"是我们耳熟能详的故事，明朝李时珍的《本草纲目》，曾经整理一些两头蛇的描述，其中提到"藏器"记录：两头蛇大如指，一头无口目，两头俱能行，云见之不吉，故孙叔敖埋之。《刘恂岭表录》则说，两头蛇岭外极多，长尺余，大如小指，背有锦文，腹下鲜红，人视为常，不以为意。"罗愿的《尔雅翼》记载，宁国甚多，数十同穴，黑鳞白章，又一种夏月雨后出，如蚯蚓大，有鳞，其尾如首，亦名两头蛇。"现在已经知道两头蛇就是钝尾铁线蛇（Calamaria septentrionalis），这种蛇的尾部不但钝圆，而且上面的花纹和头部的花纹类似，所以非常像前后各有一个头。

爬上树梢

虽然许多蛇类都能缘木而上，但只有树栖蛇类会"居高不下"，它们大部分的时间都逗留在树上，经常面临底质不连续，以及愈往上爬树枝的支撑力愈小等挑战，结果拉长身躯或减轻重量成为树栖蛇类的特征。

典型的树栖蛇类其身体最宽处一圈的长度只占身长的2%，而陆栖蛇类却可能高达30%以上。为了维持轻盈的身躯，一些树蛇从摄食到排遗的时间也明显的比陆蛇短。特别细长的身体有助于它们跨越不连续的树枝间隙；左右侧扁的身体更提升了这样的能力，再加上脊椎骨和联络肌肉的强化，使得树栖蛇类经常可以跨越全长50%以上的距离（见图124），很少做跨越动作的水栖蛇类，其跨越距离则只在全长的10%以下。细长的身体还有隐蔽的好处，当它们停栖在枝叶间时，细长的身体较不易被发现。在颜色上，树栖蛇类也多半不是绿色就是棕色，而且一般来说腹部颜色较浅，背部颜色则较深，这种对比颜色（counter shading）的安排，就像许多远洋鱼类的体色模式，使它们在上方光线强，下方光线弱的环境中，更容易隐藏而不被发现。在行为上，一些树栖蛇类甚至会随风摇摆身

图124　树栖蛇类经常做垂直上爬的动作，其跨越能力也特别好。

躯，就像风中摆动的藤枝蔓条。

许多树栖蛇类会有深色的横条纹，从吻端经过眼睛到后颊部，这种"眼线"在陆栖蛇类也有，但比例不像树栖蛇类这么高。一般认为眼线有助于隐蔽眼睛的存在，让天敌不易发现眼睛的位置。在树上捕猎的困难度比陆上还高，一旦没咬好猎物，便不易再寻获。因为在地面上如果猎物跑走，还可以依循其留下的气味，沿途寻找，而且只要搜寻二维空间的范围，但三维空间的树林环境则很难再找回脱逃的猎物，必须百发百中才不会徒劳无功。这样高水准的要求对于日行性的树蛇更显重要，而这些蛇类也在眼睛、头形和吐信行为上产生了很特别的改变。

图 125　绿瘦蛇的瞳孔特化成水平的钥匙孔，吻部并延长变尖细。

东南亚的瘦蛇其眼睛不但大，瞳孔还特化成水平的钥匙孔形状（见图 125）。延长的水平瞳孔不但增加了视觉范围，而且还可以避免因视觉重叠区的需求而减少了视觉范围。视觉重叠区是左右两个眼睛可以共同看到的区域，在这个区域

内出现的物体，其相对
于眼睛的距离可以较准
确的被判断，①且瘦蛇的
水平瞳孔已经向前延伸
到超过其正常水晶体的
位置。蛇类对焦的方式
和其他陆生脊椎动物不
同，它们眼睛的对焦，

图 126　盲蛇缠手指

并不是像我们以改变水晶体曲度，造成折射率的差异，进而
达到对焦的目的，而是利用水晶体内外移动来完成对焦的需
求，而瘦蛇在对焦时，水晶体不但可以内外还可以往前移
动，以便由瞳孔前端射入的影像能透过水晶体对焦。此外它
们的吻部更是向前延伸，变成为尖细状，并在眼睛和吻端间
产生一条内凹的沟槽，以免挡住正前方的视线。

　　类似的头形和大眼睛也出现在其他不同属的树栖蛇类，
如中南美洲的蔓蛇、非洲的藤蛇和海地的长尾蛇等，这都再
次证明：相同的环境压力会使不同血缘的生物，产生类似的
适应方式。眼睛和头形的特化，都是为了让树栖蛇类更准确

---

①　我们只要遮住一个眼睛，便会发现原来在眼前可以轻易用手指掐到的小
　　物体，这时候变得有些困难才抓得到。许多掠食者为了增加视觉重叠区的
　　范围，两个眼睛会前移到头部前面的同一个平面上，像猫头鹰、虎、狮等
　　猛兽和人都是很明显的例子。但眼睛前移的结果也会减少了其后侧面的可
　　见范围，对于天敌很少的顶层掠食者来说，视觉范围变小的代价并不大，
　　但对于天敌仍多的掠食者来说，这样的改变可能得不偿失。

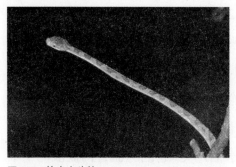
图127 笔直大头蛇

地瞄准并捕捉猎物。

当它们靠近猎物时，蛇类快速的吐信行为，可能会吸引猎物注意而提前逃掉，因此一些瘦蛇甚至演化出非常特别的吐信行为，它们的舌头一旦伸出后，便会停止在空中一段时间才会缩回。这种异于其他蛇类的吐信行为，可能有助于避免被猎物发现。还有在咬住猎物时，若不能紧咬不放也会功亏一篑。对于经常以鸟类为食的树栖蛇类，这样的挑战更加严酷。因为鸟类羽毛蓬松，若牙齿没有咬入皮肉内，很快地就会被其挣脱而逃，因此不少树栖蛇类有较长的牙齿或毒牙，以便降低猎物从口中挣脱的机会。

树栖蛇类垂直上爬的行为，考验着循环系统的适应性。当蛇类攀树而上时，血液因重力的关系会往下堆积，如果没有适当的调整，流回心脏的血液会减少，接着脑部或其他重要器官，就会有供血不足的问题。和其他栖息环境的蛇类相比，树蛇血管的可塑性较低、表皮较为紧绷、身躯较纤细，因而限制了血液向下堆积的程度。树蛇后半身血管的神经网路也较为密集，能更快速而有效的控制血管张力，防止血液向下堆积。

另外，树蛇的血压一般为40～70mmHg，而很少做垂直上爬行为的蛇类则只有 20~35mmHg，心脏的位置也比其他的蛇类更接近头部，这些差异都有助于树蛇在垂直上爬时，脑部的供血能够一直维持正常。还有树蛇的血管肺和其内的血管，也明显的比水栖蛇类短很多，水栖蛇类的血管肺常占身体全长的 50%以上，而树栖蛇类通常只占 10%以下。如果我们头上尾下地抓着水栖蛇类，它们肺血管内血液向下堆积的情况会非常严重，以至于其内的微血管会破裂而造成伤害，树栖蛇类缩短的肺血管则可避免类似的伤害。

从天而降

从树上再进入空中似乎是很合理的演化方向，在脊椎动物里，爬行动物首先走上这条路。远在 11 亿 9 千万年前，翼龙便已经翱翔在天际。目前有许多会滑翔的物种生活在树林中，适应生存相当成功的蛇类也没有缺席。从印度到东南亚的热带雨林内，便有这类可以腾空滑翔的金花蛇。当它们从树冠层的高处跃下时，肋骨向外扩张，整个身体立刻成为扁平并略向内凹，使它们在滑翔而下时，角度可以维持在 30 度左右，但除此之外，我们对它们的了解还相当有限。

结语

其实人类社会对蛇的偏见和误解存在已久，因此有关蛇类的生态或行为研究，也一直远远落在其他陆生脊椎动物之后，直到近十年才开始急起直追。但蛇类还有太多生态适应的奥秘等着我们去发觉，在研究的过程中，除了满足我们的好奇心外，也带来许多的启发。现今生物多样性正渐受重视，研究经费和人力只集中在少数明星物种的做法将会式微，蛇类正是那被忽视已久的一群，但愿更积极的研究和社会教育，会让我们更珍爱这群长期被严重歧视的动物。

身世成谜的绿蠵龟

□ 程一骏

    虽然海龟早在2亿年前就和也是爬虫类的恐龙同时出现在这个世上，但是到了今天，我们对这个"活化石"生活史的了解，依然十分有限。在许多人的眼中，海龟只是代表着来自海洋、身躯庞大、有硬壳，但不会攻击人的食物。它不仅肉可吃，身躯可制成各种饰品或是驱邪的吉祥物，其蛋也是一种蛋白质的来源，因此价值非凡。然而，人们并不因其价值高，而设法好好去了解这种动物。在短短一二百年时间的大量捕杀和生活环境的破坏后，海龟的数量已由数以百万计急剧地减少到濒临绝种的程度。幸好，近年来由于科技的高度发展，使得我们得以将一些先进的科技应用于海龟的研究和保育上，而逐渐地揭开了海龟神秘的面纱。

海龟家族

目前世上的海龟共有两科七种，分别是蠵龟科（Family Chelonidae）的绿蠵龟（Chelonia mydas）、赤蠵龟（Caretta caretta）、玳瑁（Eremtochelys imbricata）、榄蠵龟（Lepidochelys olivacea）、肯氏龟（Lepidochelys kempi）、平背龟（Natator depressus），其后革龟科（Family Dermochelonidae）的革龟（Dermochelys coriacea）。另外，有人将东太平洋特有的黑龟（Chelonia agassizi）列为第八种海龟，但因其在分类学上仍有争议，所以一直身份未明。这七种海龟，其分类以生活习性作为依据，由于不同的种类，其生活环境差异很大，所以没有亚种的产生。

绿蠵龟

绿蠵龟俗名黑龟或石龟，是七种海龟中体型较大的一种，其体重可达 100 千克以上，体长也在 100 厘米长左右。绿蠵龟的英文名是 green turtle，乃因其体内之脂肪富含它主要的食物——海草和海藻的叶绿素而得名。然而，它的体色则腹面为白色或黄白色，背甲为从赤棕色含有亮丽的大花斑到近墨色不等。绿蠵龟广泛分布于热带以及亚热带水域中，终其一生除了上岸产卵外，都生活在大洋之中。然而，读者有所不知的是，绿蠵龟是靠肺呼吸的，所以尽管它是海中的游泳高手，其潜水的深度通常不会超过五六十米。由于绿蠵龟只在呼吸时才露出水面，所以它在大洋中的行踪十分难以掌握，其身世也就一直鲜为人所知。

产卵行为

根据过去二三十年的资料显示，绿蠵龟会在气温高于25℃的沙滩上产卵。产卵前，公龟和母龟会从其觅食海域洄游到产卵场附近的流域进行交配。一只母龟可以和数只公龟交配，并将精子贮存起来，分批受精，这就是为何母龟会多次上岸产卵的原因。交配期结束后，公龟或者自行返回觅食地，或者在附近徘徊，直到母龟产完卵后，再行离去。

海龟并非每年都会产卵，根据研究估计，绿蠵龟平均要二到四年才会再次上岸产卵。由于每只海龟的发情期不太一样，所以，每年上岸产卵的母龟族群变化量很大。

由于海龟在海上的活动情形不易了解，所以大部分的研究均集中于母龟上岸产卵这段时间。基于避敌的天性所使，绿蠵龟通常于夜晚涨潮时上岸产卵于人烟罕至的沙滩上，月亮的盈缺则和海龟的产卵行为无大关系存在。产卵前的母龟极为敏感，任何轻微的干扰，如灯光、噪音等都会使它放弃产卵而返回大海之中，母龟在选择好产卵的位置后，会用前鳍挖出一个大可容纳整个身躯的浅体洞，再用后鳍挖一个深圆柱形的产卵洞，等到约两小时的"工作"后，母龟就会产

动物与生态

下约一百个乒乓球大小一般的白色皮革质的蛋。产完蛋后，她会再花上一两个小时，用前后鳍将卵窝用沙盖好，再蹒跚地爬回大海之中，只在沙滩上留下长长像坦克履带般的爬痕。

　　在澎湖产卵的绿蠵龟，其交配期约在每年三四月间，产卵期则从五六月之间到十月下旬。产卵的母龟数量不大，近四年来，每年不超过十五头。每头母龟平均产下六窝蛋，每窝含约 110 个蛋，卵窝深度约在 70 厘米左右，龟蛋的孵化期约在 50 天左右。由于孵化中的稚龟需靠软而且有韧性的蛋皮与外界交换气体与排除新陈代谢的废物，所以，稚龟的孵化情形受卵窝深度以及降雨量所影响。和其他爬虫类一样，海龟的性别决定于稚龟孵化时周遭的温度，根据研究显示，温度高于 32℃时，孵化出来的大多为雌龟。低于 28℃时，大多为雄龟，只有在 32℃ 与 28℃ 之间，才会有 1：1 的性比。

成长之路

　　刚孵化出来的小绿蠵龟，长约四五厘米背甲直线长，比手掌还要小，背部是黑色，腹部以及鳍缘为白色。孵化出来的龟宝宝会用鼻前一个小而坚硬的小点啄破蛋皮而出，这个器官在小龟脱壳后就会自动消失。同一窝的海龟会在同一时间内孵化出来，脱壳而出的龟宝宝，会借着从顶上落入空蛋皮的沙作为阶梯而奋力往上爬。约需三至七天的时间它们才能爬出卵窝，由于避敌的天性所使，稚龟通常于夜晚沙滩温度较低时，才会爬出地面。借着向光性，龟宝宝快速地爬向较为明亮的大海，在到达海边后，它会寻着海浪的声音，冲进浪花中，尽全身的力量，向外游出，以减少天敌的捕食机会。然而，沙滩旁的路灯，亦会吸引这些刚离开卵窝的小龟，误导其方向，使其以为路灯就是海洋，而找不到回家的路。

小龟的天敌很多，在陆地上有各种沙滩上活动的动物，如沙蟹、家畜、海鸟及人类，在海中又有各种肉食性的鱼种。由于没有防御能力，龟壳又软，所以小绿蠵龟的死亡率甚高，根据估计，平均一千只小龟中，只有一只可以长大为成龟。

尽管我们对海龟在陆上的生活情形了解不少，但从小龟回到大海，到长大成熟的大部分岁月里，没有人真正知道其确切的生活习性和分布范围。根据一些初步的研究得知，绿蠵龟的成长虽然以海草及海藻为食，然而幼龟却以浮游性动物为主食，因此幼龟和成龟所栖息的海域大不相同。据说幼龟是依附于大洋漂流的海草床下生活，由于没有人能够真正地确定它在这段时间的活动情形，所以均以"迷失的岁月"（the lost year）来表示绿蠵龟这段生活史。

一直要到小龟长到二三十厘米长的亚成体后，才会结束其浮游的生活形态，回到岸边，选择一海草及海藻丰盛的浅水海域定居下来，过着以这些植物为生的底栖性生活。从此之后，一直到长大成熟，都生活在岩岸或珊瑚礁的海域中。

绿蠵龟长得有多快？它的年龄有多大？到底能活多久？这一类的问题到目前为止并没有确切的答案。这主要的理由是我们无法由海龟的外形或龟壳的特征来判断其年龄的大小。海龟的壳虽是角质层的组织，但和人类的皮肤一样是会脱落或剥落的，新的皮肤则由壳内的皮下组织所形成。所以海龟虽会长大，但不会像节肢动物一样地有脱壳的行为。正确的年龄测量方法，是判读海龟的脊椎或前鳍靠近胸部骨骼的年轮。然而，这种做法需先牺牲海龟方可达成，由于绿蠵龟是保育类动物，所以这些资料十分有限。根据一些短时间的体长测量来推估，在野外长大的绿蠵龟约需二十至五十年方能长大成熟。

和年龄一样成谜的问题是绿蠵龟的族群量到底有多少？由于我们对海龟在海上的生活史所知非常的少，族群的分布大多一无所知，因此十分难以研究。但一般的估计，全球至少有 20 万头以上的绿蠵龟，只不过大部分都集中在少数几个地区。

洄游

成熟的母龟平均每二到四、五年会洄游回到其出生地去产卵。绿蠵龟对其出生海滩的忠诚度很高，甚至有人说，它对成龟的觅食场的忠诚度也很高。因此，有可能其产卵洄游是一种固定的产卵地——觅食地双向洄游的形态。至于绿蠵龟如何在茫茫的大海中找到千里外出生沙滩的问题，虽然有许多假说提出，有人说海龟能"记忆"其出生地之地磁方向以及其与磁轴的仰角，有人说海龟能"记忆"其出生地之沙滩的物理、化学特性……不过，有一点我们可以确定的是，不同沙滩上产卵的母龟，其 DNA 之排序会有所不同。

海龟的大洋洄游特性，使得人们对它在海上的分布范围以及洄游路径，一直不甚了解。在过去，各种标识法，也就是将各种形式的标签，固定于龟壳或前、后鳍上，曾广泛用于追踪海龟的去向，效果十分的不佳。近年来，随着科技的高度发展，一些先进的技术，如人造卫星追踪法、分子生物技术等都广泛应用于这方面的研究，成效相当不错。譬如说，根据我们两年的研究得知，去年装置人造卫星发报器的两只绿蠵龟会向北游去，而今年上标的三只海龟中，有两只（望安三、四号）向南洄游，第三只（望安五号）则向北洄游。这些技术虽然尚在发展之中，但它们的发展潜力，却是有目共睹的。

海龟的保育

尽管人类对海龟的保育日益重视，但它们并未因此而脱离灭种的厄运。愈来愈多的调查及研究显示，海龟的保育，并非靠划设一个保护区或是一个国家的努力，就可达成的。海龟的保育需从整个海域以及整个生态系统的研究着手，需要人人均有共识，以及海龟洄游所及的国家均能携手合作，参与其事，海龟的保育，方可奏效。否则一个地区或国家努力保护下的海龟，在另一地区遭到捕杀的话，会使所有的保育努力，均化为乌有。

事实上，在人类对自然资源需求量不断增加的今天，海龟保育的工作和海岸及浅海的环保努力是息息相关的。要知道，没有良好的产卵及觅食环境，海龟是无法在此安心地过日子。我们认识绿蠵龟，是要懂得如何爱惜它，珍惜它能继续生活在我们的海域中，而不是抓起来，收藏在水族馆中当成活标本来展示牟利，或是卖给善男信女去放生。

21 世纪的人类讲求与大自然共存，要能够达到此点，我们必须唤起群众对自己周遭环境重视的觉醒。唯有当地人重视自己的本土资源和环境整洁，它才会保存下来。在这项努力上，群众及学校的教育和社区的参与将是落实海龟保育工作的要件。绿蠵龟是否能长久生活在台湾的海域，是否能继续在澎湖的望安产卵，将是我们环保工作成效的试金石。事实上，不是所有野生动物的保育工作，都需先注重其栖息地的完整性吗？